Introduction to Solid Mechanics

固体力学
入門

吉村彰記
荒井政大 共著

森北出版

まえがき

　本書は，主として機械工学，航空宇宙工学を専攻し，固体力学を初めて学習する大学学部生を対象として，固体力学の基礎理論をマスターしてもらえることを目指して執筆した．固体力学は機械，航空機，宇宙機，構造などの合理的な設計基準を定める強度解析の基礎工学であり，本書を出発点として固体力学を学ぶことによって，機械構造に対するより精密な構造解析を行うための理論的基盤を得ることができよう．本書の読者としては，力学（可能ならば解析力学），材料力学をすでに履修済みの読者を想定しており，これらの学問の関連性や，材料力学で学んだ応力やひずみのより詳細な理解が可能になるよう留意して執筆した．

　本書は，著者の一人である吉村がもう一人の著者である荒井から 2018 年以降に引き継いで，名古屋大学の工学部機械・航空宇宙工学科の 3 年生向けに開講している「固体力学」の講義に基づいて書かれている．

　本書は大きく 3 部から構成されている．まず第 I 部では，固体力学の基本事項を述べ，固体力学全体の問題設定を理解することを目的としている．第 1 章では，固体内のひずみや応力の記述に用いられる概念として重要なテンソルを導入する．第 2 章と第 3 章では，それぞれ応力とひずみを定義し，それらの性質を述べる．第 4 章では応力とひずみの関係を記述する構成式について，線形弾性体を対象として詳しく説明した．第 5 章では固体力学の境界条件について紹介し，固体力学ではどのような問題を解けばよいのか，という全体的な問題設定を整理した．

　第 II 部では，第 I 部で整理した固体力学の問題についての，さまざまな解き方について記述した．第 6 章では，エネルギー法について述べる．エネルギー法は現代の機械・構造解析のデファクトスタンダードである有限要素法（FEM）の理論的基礎となるものである．第 7 章では，問題に幾何学的な制限を加えて単純化し，2 次元問題として解く場合について，応力関数を用いた解析法を説明する．第 8 章では，解析対象を薄板と近似して解く場合の薄板の曲げ理論について記述した．第 7, 8 章は，特に薄板状の構造を扱うことの多い，機械・航空宇宙関連の構造解析には役立つことと思う．

　第 III 部では，応力とひずみの関係が非弾性的な振る舞いを示す場合の材料構成式について導入を行った．第 9 章では弾塑性理論の基礎を，また，第 10 章では粘弾性理論の基礎を述べる．

　各部，各章の関係については，図 1 に示すチャートを参照いただくとわかりやすいと思う．なお，第 1〜8 章については吉村が，第 9, 10 章については荒井が主に記述を担当した．

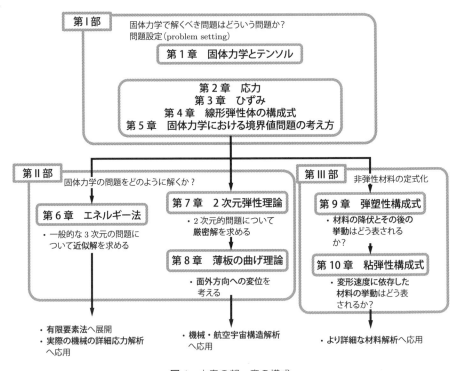

図 1　本書の部・章の構成

　本書を上梓するにあたって，東京大学工学系研究科航空宇宙工学専攻の樋口諒特任准教授，名古屋大学ナショナルコンポジットセンターの後藤圭太准教授には各章を閲読いただき，有用なご指摘とご助言をいただいた．ここで改めて感謝の意を表したい．なお，本書にもし誤りや説明不足の点があった場合の全責任は著者にあることを念のため付言しておく．

　また，本書は 2019 年初頭に森北出版株式会社第 2 出版部の福島様と出版のご相談をさせていただいたところから企画がスタートした．執筆をお約束しておきながら著者らの作業が遅々として進まず，当初の出版予定から大幅に遅延すること

なった．著者らの遅筆をお詫びするとともに，本書の発刊までお見守りいただいたことを心より感謝申し上げたい．

　本書にはいくつか類書にはないと思われる記述を盛り込んでおり（たとえば第3章，第6章），記述のこなれていない部分などが入り込んでいるかもしれない．しかし，徒然草第150段にもあるとおり，「なまじいに人に知られじ」として公表しなければ，上達することもない．あえてこの形で世に問い，諸賢のご批判を請いたいと思う．

2024年1月

吉村彰記，荒井政大

目　次

第 I 部　固体力学の基本事項　　　　　　　　　　　　　　　　1

第 1 章　固体力学とテンソル　　　　　　　　　　　　　　　　3

1.1　テンソルとは　　　　　　　　　　　　　　　　　　　　3

1.2　2 階のテンソルに関する基本的な演算　　　　　　　　　5

1.3　総和規約　　　　　　　　　　　　　　　　　　　　　　8

1.4　座標変換　　　　　　　　　　　　　　　　　　　　　　9

　　1.4.1　ベクトルの座標変換　　　9

　　1.4.2　2 階テンソルの座標変換　　　10

1.5　2 階テンソルの不変量　　　　　　　　　　　　　　　　11

演習問題　　　　　　　　　　　　　　　　　　　　　　　　12

第 2 章　応　力　　　　　　　　　　　　　　　　　　　　　14

2.1　応力の定義　　　　　　　　　　　　　　　　　　　　　14

2.2　コーシーの公式　　　　　　　　　　　　　　　　　　　17

2.3　応力の不変量　　　　　　　　　　　　　　　　　　　　19

2.4　主応力・最大せん断応力　　　　　　　　　　　　　　　20

　　2.4.1　主応力　　　20

　　2.4.2　最大せん断応力　　　23

2.5　平衡方程式　　　　　　　　　　　　　　　　　　　　　24

　　2.5.1　静的問題での平衡方程式　　　24

　　2.5.2　動的問題および体積力がある場合の平衡方程式　　　26

2.6　円柱座標系における平衡方程式　　　　　　　　　　　　27

演習問題　　　　　　　　　　　　　　　　　　　　　　　　29

第3章　ひずみ　31

3.1　ひずみの定義 31
　3.1.1　変形勾配　31
　3.1.2　ひずみの導出　33
3.2　ひずみの各成分の意味 36
3.3　テンソルひずみ・工学ひずみ 38
3.4　適合条件式 39
3.5　ひずみの不変量 40
3.6　主ひずみ・最大せん断ひずみ 40
3.7　円柱座標系におけるひずみ 41
演習問題 42

第4章　線形弾性体の構成式　44

4.1　一般化フックの法則 44
　4.1.1　テンソルでの表記と成分の対称性　44
　4.1.2　一般化フックの法則の行列表記　45
4.2　材料の対称性と弾性スティフネス行列の独立成分 47
　4.2.1　材料がある軸に対して2次の対称性をもつ場合　48
　4.2.2　材料が三つの軸に対して2次の対称性をもつ場合（直交異方性）　50
　4.2.3　材料が二つの軸方向に同じ構造をもつ場合　51
　4.2.4　材料がある面内で等方的な場合（横等方性）　51
　4.2.5　材料が等方的な場合（均質等方性）　53
4.3　弾性定数の表現方法とヤング率, ポアソン比 54
　4.3.1　ラメの定数　54
　4.3.2　ヤング率とポアソン比　55
　4.3.3　横等方性の材料に対する実用弾性定数　57
演習問題 58

第5章　固体力学における境界値問題の考え方　59

5.1　境界条件と固体力学の問題設定の整理 59
5.2　ナビエの式 61

第II部　種々の問題へのアプローチ　　63

第6章　エネルギー法　　65

6.1　仮想仕事の原理 ……………………………………………… 65

　6.1.1　固体力学への仮想仕事の原理の導入　　65

　6.1.2　発散定理による変形　　68

6.2　ポテンシャルエネルギー最小の定理 ……………………… 71

　6.2.1　ひずみエネルギーの導入　　71

　6.2.2　ポテンシャルエネルギー最小の定理　　72

6.3　補仮想仕事の原理 …………………………………………… 73

6.4　コンプリメンタリエネルギー最小の定理 ………………… 76

6.5　レイリー－リッツ法 ………………………………………… 78

6.6　カスティリアノの定理 ……………………………………… 81

　6.6.1　カスティリアノの第1定理　　81

　6.6.2　カスティリアノの第2定理　　83

演習問題 …………………………………………………………… 84

第7章　2次元弾性理論　　85

7.1　平面応力状態 ………………………………………………… 85

7.2　平面ひずみ状態 ……………………………………………… 87

7.3　エアリの応力関数 …………………………………………… 89

7.4　極座標系におけるエアリの応力関数 ……………………… 93

7.5　内外圧を受ける円板 ………………………………………… 98

7.6　円孔まわりの応力集中 ……………………………………… 99

演習問題 …………………………………………………………… 102

第8章　薄板の曲げ理論　　103

8.1　平板の曲げの基礎式 ……………………………………… 103

　8.1.1　合応力　　104

　8.1.2　平衡方程式　　105

　8.1.3　変形とひずみ　　107

　8.1.4　構成式（応力－ひずみ関係）　　108

　8.1.5　板のたわみ方程式　　109

8.2　正弦波状の圧力を受ける 4 辺単純支持長方形板 ……………… 110

8.3　より複雑な圧力を受ける 4 辺単純支持長方形板 …………… 111

8.4　極座標系における円板の曲げ方程式 …………………………… 113

演習問題 ……………………………………………………………… 115

第 III 部　非弾性材料特性　　　　　　　　　　　　　　　　　**117**

第 9 章　弾塑性構成式　　　　　　　　　　　　　　　　　　　**119**

9.1　弾塑性体の応力とひずみ ……………………………………… 119

9.2　材料の降伏条件と降伏関数 …………………………………… 122

9.3　降伏曲面 ………………………………………………………… 123

9.4　トレスカの降伏条件 …………………………………………… 125

9.5　ミーゼスの降伏条件 …………………………………………… 127

9.6　相当応力と相当塑性ひずみ …………………………………… 129

9.7　後続の降伏関数と硬化パラメータ …………………………… 130

9.8　塑性ポテンシャル ……………………………………………… 132

　　9.8.1　負荷・中立負荷・除荷　　132

　　9.8.2　ドラッカーの仮説と最大塑性仕事の原理　　133

9.9　硬化則 …………………………………………………………… 134

　　9.9.1　等方硬化則　　135

　　9.9.2　移動硬化則　　137

　　9.9.3　硬化則のまとめ　　139

演習問題 ……………………………………………………………… 139

第 10 章　粘弾性構成式　　　　　　　　　　　　　　　　　　**141**

10.1　線形粘弾性体の構成式 ………………………………………… 141

10.2　粘弾性構成式の温度依存性 …………………………………… 144

10.3　シフトファクターの取り扱い ………………………………… 146

10.4　フォークトモデルによるクリープ関数の近似 ……………… 148

10.5　マクスウェルモデルによる緩和弾性係数の近似 …………… 150

10.6　貯蔵弾性率と損失弾性率 ……………………………………… 153

演習問題 ……………………………………………………………… 155

付録A　ひずみに関する補足　158

A.1　連続体力学における微小ひずみの導入 ……………………… 158

A.2　本文中の説明と連続体力学による定義との関係 …………… 160

付録B　質点系における仮想仕事の原理・補仮想仕事の原理の証明　162

B.1　仮想仕事の原理 ………………………………………………… 162

B.2　補仮想仕事の原理 ……………………………………………… 164

付録C　解の唯一性の証明　167

演習問題略解　171

参考文献　186

索　引　187

第I部

固体力学の基本事項

　第1部では，まず固体力学で解くべき問題の定義を行う．読者は既習の材料力学などをもとに，「固体力学でどのような問題を解決したいのか」「固体力学でどのような問題を解けばよいのか」はなんとなくわかっていることと思う．ここでは，固体力学の基礎式を学び，その位置づけを示すことにより，固体力学で解くべき問題をより明確に定義する．まず第1章では，固体力学の定式化で用いられる概念である，テンソルを導入する．第2章では応力を導入し，その性質や釣り合いの条件について述べる．第3章ではひずみを定義し，その性質について述べる．第4章では応力とひずみを関係づける構成式のうち，線形弾性構成式について詳しく学ぶ．最後に，第5章では固体力学の境界条件について述べたあと，固体力学において解くべき問題の全体を把握する．

固体力学とテンソル

第1章

固体内の力学を扱う際には，固体の内部の変形と力学的な状態を記述するための数学的な道具が必要である．これは，質点系を扱う古典力学において，その変位や運動量，力を表す数学的な道具として「ベクトル」が用いられたのとまったく同じことである．固体力学は，連続体を扱う「連続体力学（continuum mechanics）」の一分野であるので，本章では連続体力学を記述するための数学的道具，「テンソル」について説明する．「テンソル」はベクトルの自然な拡張になっているので，ベクトルを理解できれば，それほどの困難なく理解できるはずである．

1.1　テンソルとは

古典力学を学んできた読者は，ベクトル（vector）についてはすでによくご存じのことと思う．ベクトルは，**大きさと方向をもった量**のことである．図 1.1 に示されるように，図示する場合は矢印が用いられる．

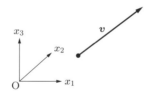

図 1.1　3 次元空間内のベクトル

ここで，図にも示されている直交座標系 O-$x_1x_2x_3$ を導入する．この座標系の各方向への単位ベクトルを e_1, e_2, e_3 とする．この 1 組のベクトル $[e_1, e_2, e_3]$ を基底という．

次に，ベクトルの内積を定義しておく．たとえばベクトル a と b の内積であれば，

$$a \cdot b = |a||b| \cos \theta \tag{1.1}$$

である．ここで，θ はベクトル a と b のなす角である．ベクトルどうしの内積はスカラー積であり，その結果はスカラーとなる．なお，基底をなす単位ベクトルどう

しの内積は,

$$\boldsymbol{e}_i \cdot \boldsymbol{e}_j = \delta_{ij} \tag{1.2}$$

となる. δ_{ij} をクロネッカーのデルタ (Kronecker delta) といい, 以下のように定義される.

$$\delta_{ij} = \begin{cases} 1 & (i = j) \\ 0 & (i \neq j) \end{cases} \tag{1.3}$$

　また, ベクトル $\boldsymbol{v}$ と単位ベクトル $\boldsymbol{e}_1$, $\boldsymbol{e}_2$, $\boldsymbol{e}_3$ の内積を考え, それぞれについて

$$v_1 = \boldsymbol{v} \cdot \boldsymbol{e}_1, \quad v_2 = \boldsymbol{v} \cdot \boldsymbol{e}_2, \quad v_3 = \boldsymbol{v} \cdot \boldsymbol{e}_3 \tag{1.4}$$

のように記号を割り当てると, もともとのベクトル $\boldsymbol{v}$ を以下のように書き表すことができる.

$$\boldsymbol{v} = v_1 \boldsymbol{e}_1 + v_2 \boldsymbol{e}_2 + v_3 \boldsymbol{e}_3 \tag{1.5}$$

つまり, 基底 $[\boldsymbol{e}_1, \boldsymbol{e}_2, \boldsymbol{e}_3]$ を決めれば, 3 次元空間内のベクトルを三つの数で書き表すことができる. この v_1, v_2, v_3 をベクトルの成分といい, 1 行 3 列の行列 (マトリクス), あるいは 3 行 1 列の行列を用いて, 以下のように書き表すことができる.

$$\boldsymbol{v} = (v_1 \quad v_2 \quad v_3), \quad \text{あるいは} \quad \boldsymbol{v} = (v_1 \quad v_2 \quad v_3)^T \tag{1.6}$$

ここで重要なのは, ベクトルの本体はあくまでも**大きさと方向をもった量**のほうであり, 1 行 3 列, あるいは 3 行 1 列の行列は, このベクトルをある座標系から見た場合に現れる数字の組にすぎない, ということである. もし基底を $\boldsymbol{e}_1$, $\boldsymbol{e}_2$, $\boldsymbol{e}_3$ とは異なるベクトルの組でとれば, **成分は当然変化する**[†]. 数字の組をベクトルの本質であると誤解しないように注意したい.

　さて, それではテンソル (tensor) について述べることにしよう. テンソルはベクトルの自然な拡張になっている. つまり, **大きさと方向を複数もった量**である. 方向の数が二つであれば 2 階のテンソル, 三つであれば 3 階のテンソル, …などとよぶ. 以下, 本章では主に 2 階のテンソルについて取り扱う. 2 階のテンソル $\boldsymbol{A}$ は方向を二つもつので, 基底 $[\boldsymbol{e}_1, \boldsymbol{e}_2, \boldsymbol{e}_3]$ を定めたとき, ベクトルと同様に考えれば, 3×3 で 9 個の成分をもっている. これらの 9 個の成分は $\boldsymbol{e}_1$ と $\boldsymbol{e}_1$ に関する成分, $\boldsymbol{e}_1$ と $\boldsymbol{e}_2$ に関する成分, $\boldsymbol{e}_1$ と $\boldsymbol{e}_3$ に関する成分, $\boldsymbol{e}_2$ と $\boldsymbol{e}_1$ に関する成分, …ということになる. これらを A_{11}, A_{12}, A_{13}, A_{21}, ... と表せば, 2 階のテンソル $\boldsymbol{A}$ はベ

[†] 成分の変化には法則があるが, それについては 1.4 節で扱う.

クトルに似た形で，**3行3列の行列**の形で表すことができる．

$$
\boldsymbol{A} = \begin{bmatrix} A_{11} & A_{12} & A_{13} \\ A_{21} & A_{22} & A_{23} \\ A_{31} & A_{32} & A_{33} \end{bmatrix} \tag{1.7}
$$

なお，ここでもベクトルと同様，基底を $\boldsymbol{e}_1, \boldsymbol{e}_2, \boldsymbol{e}_3$ とは異なるベクトルの組でとれば，**成分は当然変化する**．また，ベクトルにおける式 (1.5) と同じような書き方で，

$$
\begin{aligned}
\boldsymbol{A} = {}& A_{11}\boldsymbol{e}_1 \otimes \boldsymbol{e}_1 + A_{12}\boldsymbol{e}_1 \otimes \boldsymbol{e}_2 + A_{13}\boldsymbol{e}_1 \otimes \boldsymbol{e}_3 \\
& + A_{21}\boldsymbol{e}_2 \otimes \boldsymbol{e}_1 + A_{22}\boldsymbol{e}_2 \otimes \boldsymbol{e}_2 + A_{23}\boldsymbol{e}_2 \otimes \boldsymbol{e}_3 \\
& + A_{31}\boldsymbol{e}_3 \otimes \boldsymbol{e}_1 + A_{32}\boldsymbol{e}_3 \otimes \boldsymbol{e}_2 + A_{33}\boldsymbol{e}_3 \otimes \boldsymbol{e}_3
\end{aligned} \tag{1.8}
$$

と書くこともできる．ここで，$\boldsymbol{e}_i \otimes \boldsymbol{e}_j$ は基底ベクトルのテンソル積とよばれるものであるが，本書では深く立ち入らない．単位ベクトル $\boldsymbol{e}_i$ と単位ベクトル $\boldsymbol{e}_j$ で構成される，基本的なテンソルであると思っていただければよい．

1.2 2階のテンソルに関する基本的な演算

本節では，2階のテンソルについて，基本的な演算をいくつか定義しておく．まず，テンソルどうしの和・差である．2階のテンソル $\boldsymbol{A}$ と2階のテンソル $\boldsymbol{B}$ の和，差は以下のように定義される．2階のテンソルの和・差の結果も，同じく2階のテンソルとなる．

$$
\begin{aligned}
\boldsymbol{A} + \boldsymbol{B} &= \begin{bmatrix} A_{11} & A_{12} & A_{13} \\ A_{21} & A_{22} & A_{23} \\ A_{31} & A_{32} & A_{33} \end{bmatrix} + \begin{bmatrix} B_{11} & B_{12} & B_{13} \\ B_{21} & B_{22} & B_{23} \\ B_{31} & B_{32} & B_{33} \end{bmatrix} \\
&= \begin{bmatrix} A_{11}+B_{11} & A_{12}+B_{12} & A_{13}+B_{13} \\ A_{21}+B_{21} & A_{22}+B_{22} & A_{23}+B_{23} \\ A_{31}+B_{31} & A_{32}+B_{32} & A_{33}+B_{33} \end{bmatrix}
\end{aligned} \tag{1.9}
$$

$$
\begin{aligned}
\boldsymbol{A} - \boldsymbol{B} &= \begin{bmatrix} A_{11} & A_{12} & A_{13} \\ A_{21} & A_{22} & A_{23} \\ A_{31} & A_{32} & A_{33} \end{bmatrix} - \begin{bmatrix} B_{11} & B_{12} & B_{13} \\ B_{21} & B_{22} & B_{23} \\ B_{31} & B_{32} & B_{33} \end{bmatrix} \\
&= \begin{bmatrix} A_{11}-B_{11} & A_{12}-B_{12} & A_{13}-B_{13} \\ A_{21}-B_{21} & A_{22}-B_{22} & A_{23}-B_{23} \\ A_{31}-B_{31} & A_{32}-B_{32} & A_{33}-B_{33} \end{bmatrix}
\end{aligned} \tag{1.10}
$$

これらの演算では，単に各成分を足し引きしているだけであるので，わかりやすいと思う．

次に，スカラー λ と 2 階テンソル $\boldsymbol{A}$ との積は，以下のとおりである．

$$\lambda\boldsymbol{A} = \lambda\begin{bmatrix} A_{11} & A_{12} & A_{13} \\ A_{21} & A_{22} & A_{23} \\ A_{31} & A_{32} & A_{33} \end{bmatrix} = \begin{bmatrix} \lambda A_{11} & \lambda A_{12} & \lambda A_{13} \\ \lambda A_{21} & \lambda A_{22} & \lambda A_{23} \\ \lambda A_{31} & \lambda A_{32} & \lambda A_{33} \end{bmatrix} \tag{1.11}$$

また，2 階のテンソル $\boldsymbol{A}$ とベクトル $\boldsymbol{c}$ の間で，以下のような演算（ベクトルとテンソルの内積）を定義しておく．

$$\boldsymbol{A} \cdot \boldsymbol{c} = \sum_{i=1}^{3}\sum_{j=1}^{3} A_{ij}c_j\boldsymbol{e}_i \tag{1.12}$$

この演算は形式上，3 行 3 列の行列と 3 行 1 列の行列の積の形で表すことができ，

$$\boldsymbol{A} \cdot \boldsymbol{c} = \begin{bmatrix} A_{11} & A_{12} & A_{13} \\ A_{21} & A_{22} & A_{23} \\ A_{31} & A_{32} & A_{33} \end{bmatrix}\begin{pmatrix} c_1 \\ c_2 \\ c_3 \end{pmatrix} \tag{1.13}$$

となる．なお，ベクトルの内積と異なり，テンソルとベクトルの内積の結果はベクトルを与えることに注意する．ベクトルは 1 階のテンソル，スカラーは 0 階のテンソルであると考えると，内積演算は階数を一つ下げる，という形で統一的に理解できるであろう．

さらに，ベクトルを前後から 2 階テンソルに作用させてスカラーを計算する演算も，

$$\boldsymbol{d} \cdot (\boldsymbol{A} \cdot \boldsymbol{c}) = \begin{pmatrix} d_1 & d_2 & d_3 \end{pmatrix}\begin{bmatrix} A_{11} & A_{12} & A_{13} \\ A_{21} & A_{22} & A_{23} \\ A_{31} & A_{32} & A_{33} \end{bmatrix}\begin{pmatrix} c_1 \\ c_2 \\ c_3 \end{pmatrix} \tag{1.14}$$

と行列形式で書くことができる．なお，このような演算を 2 次形式という．本書では詳しく述べないが，実はある物理量 $\boldsymbol{A}$ が式 (1.12)，式 (1.13) あるいは式 (1.14) の形で表すことができるとき，その物理量は 2 階のテンソルになっている．つまり，これらの式は **2 階のテンソルの定義**にもなっている．

この演算を利用して，2 階のテンソル $\boldsymbol{A}$ と $\boldsymbol{B}$，およびベクトル $\boldsymbol{c}$ について，以下の演算を考える（ここでは行列表記を使う）．

$$\boldsymbol{A} \cdot (\boldsymbol{B} \cdot \boldsymbol{c}) = \begin{bmatrix} A_{11} & A_{12} & A_{13} \\ A_{21} & A_{22} & A_{23} \\ A_{31} & A_{32} & A_{33} \end{bmatrix}\left(\begin{bmatrix} B_{11} & B_{12} & B_{13} \\ B_{21} & B_{22} & B_{23} \\ B_{31} & B_{32} & B_{33} \end{bmatrix}\begin{pmatrix} c_1 \\ c_2 \\ c_3 \end{pmatrix}\right)$$

$$= \left(\begin{bmatrix} A_{11} & A_{12} & A_{13} \\ A_{21} & A_{22} & A_{23} \\ A_{31} & A_{32} & A_{33} \end{bmatrix} \begin{bmatrix} B_{11} & B_{12} & B_{13} \\ B_{21} & B_{22} & B_{23} \\ B_{31} & B_{32} & B_{33} \end{bmatrix} \right) \begin{pmatrix} c_1 \\ c_2 \\ c_3 \end{pmatrix} \tag{1.15}$$

この演算から，以下のように２階のテンソルどうしの演算（テンソルの合成）を定義しておく．

$$\boldsymbol{A}\boldsymbol{B} = \sum_{i=1}^{3} \sum_{j=1}^{3} \left(\sum_{k=1}^{3} A_{ik}B_{kj} \right) \boldsymbol{e}_i \otimes \boldsymbol{e}_j$$

$$= \begin{bmatrix} A_{11} & A_{12} & A_{13} \\ A_{21} & A_{22} & A_{23} \\ A_{31} & A_{32} & A_{33} \end{bmatrix} \begin{bmatrix} B_{11} & B_{12} & B_{13} \\ B_{21} & B_{22} & B_{23} \\ B_{31} & B_{32} & B_{33} \end{bmatrix} \tag{1.16}$$

すなわち，

$$\boldsymbol{A} \cdot (\boldsymbol{B} \cdot \boldsymbol{c}) = \boldsymbol{A}\boldsymbol{B} \cdot \boldsymbol{c} \tag{1.17}$$

ということになる．式 (1.16) の最後の式は行列どうしの積の形になっており，演算の際には便利である．

最後に，２階のテンソルについて，以下のようなテンソルを定義しておく．

■**単位テンソル**　以下のように表されるテンソル $\boldsymbol{I}$ を単位テンソルという．

$$\boldsymbol{I} = \begin{bmatrix} 1 & 0 & 0 \\ 0 & 1 & 0 \\ 0 & 0 & 1 \end{bmatrix} \tag{1.18}$$

このテンソルは，任意のベクトル $\boldsymbol{v}$ との内積をとると $\boldsymbol{v}$ 自体を与え，任意のテンソル $\boldsymbol{A}$ と合成しても $\boldsymbol{A}$ 自体を与えるテンソルである．また，このテンソルの成分をよく見ると，対角成分が 1，非対角成分が 0 となっている．したがって，式 (1.3) で定義したクロネッカーのデルタを用いて，単位テンソルの成分を以下のように表記することができる．

$$I_{ij} = \delta_{ij}$$

■**転置テンソル**　任意のベクトル $\boldsymbol{c}, \boldsymbol{d}$ に対し，２階のテンソル $\boldsymbol{A}$ について以下の式が成立するとき，$\boldsymbol{A}^T$ をテンソル $\boldsymbol{A}$ の転置テンソルという．

$$\boldsymbol{c} \cdot (\boldsymbol{A} \cdot \boldsymbol{d}) = \boldsymbol{d} \cdot (\boldsymbol{A}^T \cdot \boldsymbol{c}) \tag{1.19}$$

具体的に演算してみればわかるが，$\boldsymbol{A}^T$ テンソルは，$\boldsymbol{A}$ テンソルの i, j 成分を j, i 成分にもつテンソルである．すなわち，

$$A_{ij}^T = A_{ji} \tag{1.20}$$

ということである.

なお，あるテンソル $\boldsymbol{A}$ に対して，

$$A_{ij}^T = A_{ij} \tag{1.21}$$

が成立するとき，$\boldsymbol{A}$ を対称テンソルとよぶ.

■逆テンソル　ある 2 階テンソル $\boldsymbol{A}$ に対して以下の関係を満たすテンソル $\boldsymbol{A}^{-1}$ を，テンソル $\boldsymbol{A}$ の逆テンソルという.

$$\boldsymbol{A}\boldsymbol{A}^{-1} = \boldsymbol{A}^{-1}\boldsymbol{A} = \boldsymbol{I} \tag{1.22}$$

なお，逆行列の場合と同様，すべてのテンソル $\boldsymbol{A}$ に対して逆テンソルが存在するわけではないので注意してほしい.

また，ある 2 階テンソル $\boldsymbol{R}$ の逆テンソル $\boldsymbol{R}^{-1}$ が $\boldsymbol{R}$ の転置テンソル $\boldsymbol{R}^T$ と等しい場合，この $\boldsymbol{R}$ を直交テンソルという. つまりこのとき，

$$\boldsymbol{R}\boldsymbol{R}^T = \boldsymbol{I}$$

が成り立つ.

1.3　総和規約

ここで，アインシュタインの総和規約（Einstein summation convention）を導入する. この記法は，同じ項の中に同じ添字が二つ出てきた際は，その添字について和をとる，というルールである. たとえば，3 次元のベクトル $\boldsymbol{a}$ と $\boldsymbol{b}$ があり，ある数式の中に $a_i b_i$ という項があった場合，

$$a_i b_i = a_1 b_1 + a_2 b_2 + a_3 b_3 \tag{1.23}$$

と，すべての成分について和をとるということである. なお，式 (1.23) の中の添字 i を**ダミーインデックス**（dummy index）という. ダミーインデックスは，1 から 3 までの和をとる，というためだけに使用されるものであり，その文字が i であろうと j であろうと意味は同じである. たとえば，$a_i b_i$ と $a_j b_j$ はまったく同じ意味になる.

また，ダミーインデックスでない，項の中に 1 度しか現れない添字は**フリーインデックス**（free index）といい，1, 2, 3 のすべての数字が順不同で入ることができる. なお，添字は同じ項の中では 1 回（フリーインデックス）か 2 回（ダミーイン

デックス）しか現れてはならず，3回以上現れてはならない．

　総和規約を用いて式 (1.12) を書き直すと，

$$\boldsymbol{A} \cdot \boldsymbol{c} = A_{ij} c_j \boldsymbol{e}_i \tag{1.24}$$

となる．ここでは，i, j ともにダミーインデックスになっており，両者で和をとることに注意が必要である．総和規約を用いると複雑な数式をすっきりと書き表すことができるため，非常に便利である．ぜひこの記法に慣れてほしい．

1.4　座標変換

1.4.1　ベクトルの座標変換

　さて，1.1 節で，基底を変化させた場合，ベクトル，テンソルの成分が変化するということを述べた．では，具体的にはどのように変化するのであろうか．ここで，ベクトル $\boldsymbol{a}$ をある基底 $[\boldsymbol{e}_1, \boldsymbol{e}_2, \boldsymbol{e}_3]$ と，別の基底 $[\boldsymbol{e}'_1, \boldsymbol{e}'_2, \boldsymbol{e}'_3]$ で表すことを考える（図 1.2）．それぞれの際の成分を $a_1, a_2, a_3, a'_1, a'_2, a'_3$ とすると，

$$\boldsymbol{a} = a_i \boldsymbol{e}_i = a'_j \boldsymbol{e}'_j \tag{1.25}$$

となる．

　ここで，式 (1.4) を参照し，式 (1.25) と $\boldsymbol{e}'_1, \boldsymbol{e}'_2, \boldsymbol{e}'_3$ の内積をとると，

$$\begin{aligned}
a'_1 &= \boldsymbol{a} \cdot \boldsymbol{e}'_1 = \boldsymbol{e}'_1 \cdot \boldsymbol{a} = a_1 \boldsymbol{e}'_1 \cdot \boldsymbol{e}_1 + a_2 \boldsymbol{e}'_1 \cdot \boldsymbol{e}_2 + a_3 \boldsymbol{e}'_1 \cdot \boldsymbol{e}_3 \\
a'_2 &= \boldsymbol{a} \cdot \boldsymbol{e}'_2 = \boldsymbol{e}'_2 \cdot \boldsymbol{a} = a_1 \boldsymbol{e}'_2 \cdot \boldsymbol{e}_1 + a_2 \boldsymbol{e}'_2 \cdot \boldsymbol{e}_2 + a_3 \boldsymbol{e}'_2 \cdot \boldsymbol{e}_3 \\
a'_3 &= \boldsymbol{a} \cdot \boldsymbol{e}'_3 = \boldsymbol{e}'_3 \cdot \boldsymbol{a} = a_1 \boldsymbol{e}'_3 \cdot \boldsymbol{e}_1 + a_2 \boldsymbol{e}'_3 \cdot \boldsymbol{e}_2 + a_3 \boldsymbol{e}'_3 \cdot \boldsymbol{e}_3
\end{aligned} \tag{1.26}$$

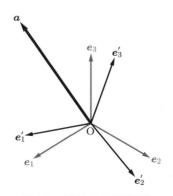

図 1.2　ベクトルの座標変換

となる．e_i，e'_j はともに大きさ 1 の単位ベクトルであるから，内積の定義式 (1.1) を参照すれば明らかなとおり，$e'_i \cdot e_j$ は，ベクトル e'_i と e_j がなす角度の余弦を意味している．これを方向余弦（direction cosine）という．ここで，

$$R_{ij} = e'_i \cdot e_j \tag{1.27}$$

とおくと†，式 (1.26) は，

$$a'_i = R_{ij} a_j \tag{1.28}$$

と統一的に表すことができる．これが，ベクトルを別の基底で表現した際の成分の変換法則である．本書では詳しく解説はしないが，方向余弦自体も 2 階のテンソルであり，R と表すこともできる．

方向余弦については，次のような性質がある．方向余弦の成分のうち，(R_{11}, R_{12}, R_{13})，(R_{21}, R_{22}, R_{23})，(R_{31}, R_{32}, R_{33}) をベクトルであると考えると，式 (1.27) を参照すると明らかなように，これらは，単位ベクトル e'_1，e'_2，e'_3 を，基底 $[e_1, e_2, e_3]$ から見たときの成分となっている．また，(R_{11}, R_{21}, R_{31})，(R_{12}, R_{22}, R_{32})，(R_{13}, R_{23}, R_{33}) をベクトルであると考えると，これらは，単位ベクトル e_1，e_2，e_3 を基底 $[e'_1, e'_2, e'_3]$ から見たときの成分になっている．したがって，単位ベクトルどうしの内積（式 (1.2)）を考えることにより，

$$R_{ik} R_{jk} = R_{mi} R_{mj} = \delta_{ij} \tag{1.29}$$

であることがわかる．ここで，δ_{ij} はクロネッカーのデルタである．また，この関係を利用することにより，方向余弦テンソルに対する逆テンソルについて，以下のように計算することができる．

$$R_{ij}^{-1} = R_{ji} = R_{ij}^T \tag{1.30}$$

よって，方向余弦テンソルは，1.2 節で述べた直交テンソルになっていることがわかる．

1.4.2　2階テンソルの座標変換

次に，2 階テンソルの成分の変換について考える．2 階テンソルとベクトルの内積はベクトルになるので，2 階テンソル A と任意のベクトル b の内積がベクトル c になるときを考える．すなわち，

---

† 添字の順番に注意．変換後の基底が前，変換前の基底が後の添字になる．

$$\boldsymbol{c} = \boldsymbol{A} \cdot \boldsymbol{b} = A_{ij}b_j\boldsymbol{e}_i \tag{1.31}$$

とする．ここでは基底 $[\boldsymbol{e}_1, \boldsymbol{e}_2, \boldsymbol{e}_3]$ を参照している．ベクトル $\boldsymbol{c}$ も成分表記すれば，

$$c_i = A_{ij}b_j \tag{1.32}$$

である．ここで，別の基底 $[\boldsymbol{e}'_1, \boldsymbol{e}'_2, \boldsymbol{e}'_3]$ を用いた表記について考えると，

$$c'_i = A'_{ij}b'_j \tag{1.33}$$

が成立するはずである．また，ベクトルについては，式 (1.28) が成立するから，

$$b'_j = R_{jl}b_l, \quad c'_i = R_{ik}c_k \tag{1.34}$$

となる．式 (1.32) をここに代入し，さらに式 (1.30) を考慮することにより，

$$c'_i = R_{ik}A_{kl}R_{jl}b'_j \tag{1.35}$$

となることがわかる．これを式 (1.33) と見比べることにより，

$$A'_{ij} = R_{ik}A_{kl}R_{jl} \tag{1.36}$$

という関係が得られる．これがテンソルの座標変換に関する法則である．1 階のテンソルであるベクトルの座標変換では，方向余弦テンソルを 1 回作用させ（式 (1.28)），2 階のテンソルでは 2 回作用させる（式 (1.36)）と考えると覚えやすい[†]．

なお，式 (1.36) を行列表記で書くと，以下のようになる．

$$\begin{bmatrix} A'_{11} & A'_{12} & A'_{13} \\ A'_{21} & A'_{22} & A'_{23} \\ A'_{31} & A'_{32} & A'_{33} \end{bmatrix} = \begin{bmatrix} R_{11} & R_{12} & R_{13} \\ R_{21} & R_{22} & R_{23} \\ R_{31} & R_{32} & R_{33} \end{bmatrix} \begin{bmatrix} A_{11} & A_{12} & A_{13} \\ A_{21} & A_{22} & A_{23} \\ A_{31} & A_{32} & A_{33} \end{bmatrix} \begin{bmatrix} R_{11} & R_{21} & R_{31} \\ R_{12} & R_{22} & R_{32} \\ R_{13} & R_{23} & R_{33} \end{bmatrix} \tag{1.37}$$

式 (1.37) の右辺一番右の方向余弦テンソルの成分に注意してほしい．行列表記すると，一番右の方向余弦テンソルは転置する必要がある．

1.5 2階テンソルの不変量

本章の最後に，2 階のテンソルの不変量について述べておく．任意のテンソル $\boldsymbol{A}$ について，その成分からなる式 $F(A_{ij})$ を考えたとき，この量が座標変換により変化しなければ，その量を不変量（invariant）という．ここでは，代表的な不変量を三つ挙げておく．

[†] これは 3 階以上のテンソルでも成立し，3 階のテンソルでは方向余弦テンソルを 3 回，4 階のテンソルでは 4 回作用させると座標変換が可能になる．

■**第 1 不変量**

$$I_1 = A_{11} + A_{22} + A_{33} \tag{1.38}$$

これを第 1 不変量という．これは，テンソルを行列表記した際にその対角成分を足し合わせたものであり，トレース（trace），$\mathrm{tr}(\boldsymbol{A})$ ともよぶ．

■**第 2 不変量**

$$I_2 = \begin{vmatrix} A_{22} & A_{23} \\ A_{32} & A_{33} \end{vmatrix} \begin{vmatrix} A_{11} & A_{12} \\ A_{21} & A_{22} \end{vmatrix} \begin{vmatrix} A_{11} & A_{13} \\ A_{31} & A_{33} \end{vmatrix}$$

$$= A_{22}A_{33} + A_{33}A_{11} + A_{11}A_{22} - A_{23}A_{32} - A_{12}A_{21} - A_{13}A_{31} \tag{1.39}$$

これを第 2 不変量という．

■**第 3 不変量**

$$I_3 = \begin{vmatrix} A_{11} & A_{12} & A_{13} \\ A_{21} & A_{22} & A_{23} \\ A_{31} & A_{32} & A_{33} \end{vmatrix} \tag{1.40}$$

これを第 3 不変量という．

　本書では詳しく扱わないが，2 階のテンソルについてはこれら三つの不変量がもっとも基本的な不変量であり，他の不変量はこれらの組み合わせによって表現することができる．

演習問題

1.1　2 階のテンソル $\boldsymbol{A}$ について，座標系 O-$x_1x_2x_3$ から見た際の成分が次のようになっていたとする．

$$\begin{bmatrix} A_{11} & A_{12} & A_{13} \\ A_{21} & A_{22} & A_{23} \\ A_{31} & A_{32} & A_{33} \end{bmatrix} = \begin{bmatrix} 1 & 2 & 2 \\ 3 & 1 & 4 \\ 3 & 1 & 1 \end{bmatrix}$$

　このとき，次の値を計算せよ．

(1) A_{ii}　　(2) $A_{1k}A_{k2}$

1.2　2 階のテンソル $\boldsymbol{A}$ について，A_{ii}（第 1 不変量）が座標変換に対して不変であることを証明せよ．

1.3　座標系 O-$x_1x_2x_3$ に対し，図 1.3 のように x_3 まわりに $60°$ 回転させた座標系を O-$x_1'x_2'x_3'$ とする．このとき，方向余弦テンソル $\boldsymbol{R}$ を求めよ．また，演習問題 1.1 のテンソル $\boldsymbol{A}$ の，座標系 O-$x_1'x_2'x_3'$ における成分を計算せよ．

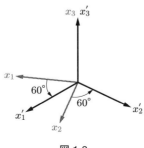

図 1.3

第2章

応　力

　固体力学では，物体に何らかの外力が作用した際に，その物体がどのように振る舞うか，を記述することが大きな目的になっている．そのためには，何はともあれ物体内部の力学的な状態を記述する方法，および物体内部の運動学的な状態（変形状態）を記述する方法が必要である．固体力学では，前者に**応力**を，後者に**ひずみ**を用いる．本章では，まず応力について説明する．応力は，前章で説明した 2 階のテンソルとして表すことができる．

2.1　応力の定義

　外力が作用して，平衡状態（釣り合い状態）にある物体（図 2.1 (a)）を考える．平衡状態にある物体を仮想的な平面（法線ベクトル n）で切断することを考える．切断された物体どうしは荷重を及ぼし合っている．ここで，ある点 P 周辺の微小面積要素 ΔS にかかっている力 ΔT を考えたとき，

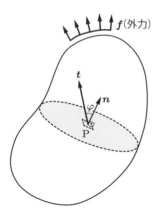
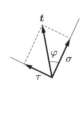

（a）平衡状態にある物体に
かかる内力と応力ベクトル

（b）垂直応力 σ とせん断応力 τ

図 2.1　応力ベクトル

$$\lim_{\Delta S \to 0} \frac{\Delta \boldsymbol{T}}{\Delta S} = \boldsymbol{t} \tag{2.1}$$

を**応力ベクトル**という．応力ベクトルの大きさの単位は，単位面積あたりの力である．SI 単位系では $[\mathrm{N/m^2}]$ となる．これまでに古典力学で学んできたとおり，力はベクトルを用いて表すことができるから，応力ベクトルは名前のとおりベクトルである．この応力ベクトルを平面に垂直な成分と平面に平行な成分とに分けて，

$$|\boldsymbol{t}| \cos \varphi = \sigma, \quad |\boldsymbol{t}| \sin \varphi = \tau \tag{2.2}$$

とするとき，σ を垂直応力（normal stress），τ をせん断応力（shear stress）という（図 (b)）．

　ここで注意しなければならないことは，まったく同じ点で考えたとしても，仮想的な平面の方向（つまり，$\boldsymbol{n}$ の方向）を変化させると，応力ベクトルは変化するということである．たとえば，図 2.2 のように，一軸方向に引張荷重を受けている一様な物体内の点 P を考える．この物体を荷重方向と垂直な平面（法線 $\boldsymbol{n}_1$）で切断したときは垂直応力が大きいが，平行な平面（法線 $\boldsymbol{n}_2$）で切断したときは垂直応力が小さいことは，容易に想像できるであろう．同じ力学状態であれば，方向ベクトル（法線ベクトル $\boldsymbol{n}$）が決まれば応力ベクトル $\boldsymbol{t}$ が決まるということである．

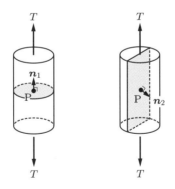

図 2.2　同じ点に対して異なる平面で切断した際の応力ベクトル

　ここで，物体を点 O を原点とする直交座標系 O-xyz によって表し，物体中のある点 P のまわりの微小な六面体を考える（図 2.3）．この微小六面体は x, y, z 軸にそれぞれ垂直な面から構成されている．微小要素の各軸方向の長さはそれぞれ dx, dy, dz である．この微小六面体が平衡状態にあるとすると，各面には力が働いているはずである．これらの面にかかる応力ベクトルを考えてみよう．まず，各軸に直

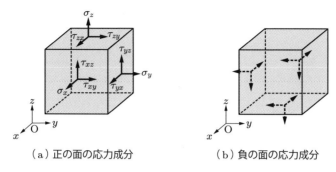

（a）正の面の応力成分　　　　（b）負の面の応力成分

図 2.3　微小要素における各方向の応力

角な面に対して，それぞれ垂直応力 σ_x, σ_y, σ_z が作用していると考えることがで
きる．また，x 軸に垂直な面に対して，せん断応力 τ_{xy}, τ_{xz} が，y 軸に垂直な面に
対して，せん断応力 τ_{yx}, τ_{yz} が，さらに z 軸に垂直な面に対して，せん断応力 τ_{zx},
τ_{zy} が作用することになる．せん断応力の添字の意味は，前の添字が作用面を，後
ろの添字が作用方向を表している．**法線ベクトルが x 軸の正方向である面を，x の
正の面とよぶ．また，法線ベクトルが x 軸の負方向である面を，x の負の面とよぶ．**
y 軸，z 軸についても同様である．たとえば，せん断応力 τ_{xy} とは，x の正の面に
作用する，y 軸方向のせん断応力を意味する．これらの 9 個の応力成分は，x 軸方
向に対する x 軸方向の力，x 軸方向に対する y 軸方向の力，x 軸方向に対する z 軸
方向の力，に対応している．

　これを行列形式で書いておくと，

$$\begin{bmatrix} \sigma_x & \tau_{xy} & \tau_{xz} \\ \tau_{yx} & \sigma_y & \tau_{yz} \\ \tau_{zx} & \tau_{zy} & \sigma_z \end{bmatrix} \tag{2.3}$$

となる．なお，図 2.4 に z 軸方向から見た微小六面体を示す．ここで，中心点ま
わりのモーメントの釣り合いを考えると，直交 2 平面上で互いに直交するせん断

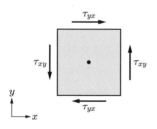

図 2.4　微小要素におけるモーメントの釣り合い

応力は等しくなければならないことがわかる．すなわち，$\tau_{yx} = \tau_{xy}$，$\tau_{zy} = \tau_{yz}$，$\tau_{xz} = \tau_{zx}$ である．よって，式 (2.3) の九つの成分のうち独立なものは，$\sigma_x, \sigma_y, \sigma_z$，$\tau_{xy}, \tau_{yz}, \tau_{zx}$ の 6 成分となる．

2.2 コーシーの公式

次に，任意の方向の平面（法線 $\boldsymbol{n}$）に対する応力ベクトルが，どのように求められるのか考えてみよう．ここで，ある平面 BCD とその法線 $\boldsymbol{n}$ を考え，これを一つの面とする微小な直角四面体 ABCD を考える（図 2.5）．この微小四面体は，x 軸に平行な辺 AB（長さ dx），y 軸に平行な辺 AC（長さ dy），z 軸に平行な辺 AD（長さ dz）からなっている．ここで，△BCD の面積を dS，△ACD, △ABD, △ABC の面積をそれぞれ，dS_x, dS_y, dS_z とする．すると，△ACD, △ABD, △ABC は △BCD をそれぞれ yz, xz, xy 平面に投影したものであるから，

$$dS_x = n_x dS, \quad dS_y = n_y dS, \quad dS_z = n_z dS \tag{2.4}$$

という関係になっている．ここで，n_x, n_y, n_z は，それぞれ法線ベクトル $\boldsymbol{n}$ の x, y, z 軸方向成分である．

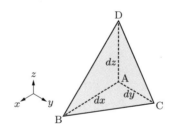

図 2.5 3 次元空間内の微小四面体

この物体が釣り合い状態にあると考えたうえで，各面に働く応力ベクトルを考えてみよう．図 2.3 を参照し，かつ，△BCD の面にかかる応力ベクトルを $\boldsymbol{t}$ とすると，図 2.6 のようになる．これにより，x 軸方向，y 軸方向，z 軸方向の力の釣り合いはそれぞれ，

$$dS t_x = dS_x \sigma_x + dS_y \tau_{yx} + dS_z \tau_{zx}$$
$$dS t_y = dS_x \tau_{xy} + dS_y \sigma_y + dS_z \tau_{zy}$$
$$dS t_z = dS_x \tau_{xz} + dS_y \tau_{yz} + dS_z \sigma_z$$

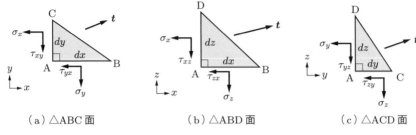

（a）△ABC 面　　　　　（b）△ABD 面　　　　　（c）△ACD 面

図 2.6　各面に作用する応力ベクトル

となる．ここで，t_x, t_y, t_z は応力ベクトル t の x, y, z 軸方向成分である．ここに式 (2.4) を考えると，

$$
\begin{aligned}
t_x &= n_x\sigma_x + n_y\tau_{yx} + n_z\tau_{zx} \\
t_y &= n_x\tau_{xy} + n_y\sigma_y + n_z\tau_{zy} \\
t_z &= n_x\tau_{xz} + n_y\tau_{yz} + n_z\sigma_z
\end{aligned}
\tag{2.5}
$$

という関係が得られる．これを行列表記で書き直すと，

$$
\begin{pmatrix} t_x \\ t_y \\ t_z \end{pmatrix}
=
\begin{bmatrix}
\sigma_x & \tau_{yx} & \tau_{zx} \\
\tau_{xy} & \sigma_y & \tau_{zy} \\
\tau_{xz} & \tau_{yz} & \sigma_z
\end{bmatrix}
\begin{pmatrix} n_x \\ n_y \\ n_z \end{pmatrix}
\tag{2.6}
$$

という式が得られる．この式はコーシー（Cauchy）の公式とよばれている．この式と式 (1.13) を見比べると，式 (2.3) に示された行列は，ベクトルとの内積でベクトルを生成していることがわかる．第 1 章で述べたとおり，この形で表現できることは 2 階のテンソルの定義となっているから，式 (2.3) で示された成分をもつテンソルは 2 階のテンソルであることがわかる．

　これまでは座標系を O-xyz で表してきたが，これをテンソルを表記するのに便利なように，座標系 O-$x_1x_2x_3$ を用いる形に直しておこう．

$$
\begin{aligned}
\sigma_{11} &= \sigma_x, & \sigma_{12} &= \tau_{xy}, & \sigma_{13} &= \tau_{xz}, \\
\sigma_{21} &= \tau_{yx}, & \sigma_{22} &= \sigma_y, & \sigma_{23} &= \tau_{yz}, \\
\sigma_{31} &= \tau_{zx}, & \sigma_{32} &= \tau_{zy}, & \sigma_{33} &= \sigma_z
\end{aligned}
\tag{2.7}
$$

と考えると，式 (2.6) のテンソルは

$$
\boldsymbol{\sigma} = \sigma_{ij}\boldsymbol{e}_i \otimes \boldsymbol{e}_j
\tag{2.8}
$$

となる．このように，ある点での力学的状態は 2 階のテンソルで表すことができ，$\boldsymbol{\sigma}$ を**応力テンソル**という．先に述べたように，互いに共役な（行列の対角位置にあ

る）せん断応力成分は等しいので，式 (1.21) が成立することになる．このため，応力テンソルは**対称テンソル**である．

なお，式 (1.13) を利用してコーシーの公式を書き直すと，

$$\boldsymbol{t} = \boldsymbol{\sigma} \cdot \boldsymbol{n} \tag{2.9}$$

あるいは成分表記して，

$$t_i = \sigma_{ij} n_j \tag{2.10}$$

となる．コーシーの公式の意味するところは，応力テンソルがわかれば，任意の方向の面への応力ベクトルを計算することが可能，ということである．したがって，物体内各点の力学的状態を記述する方法としては応力テンソルがふさわしい．

なお，応力成分については $\sigma_x, \tau_{xy}, \ldots$ という記法と，$\sigma_{11}, \sigma_{12}, \ldots$ という記法がある．本書ではこの両方を場合によって使い分けるが，その対応は式 (2.7) のとおりである．本書では，前者の記法は工学的，実際的問題を解く場合に，後者の記法はテンソルの操作をする際に主に使用する．

2.3 応力の不変量

応力テンソルは 2 階のテンソルであるから，1.5 節で定義した不変量が存在する．1.5 節で述べたとおり，これらの不変量は，座標変換によって変化しないスカラー量である．これらの不変量は材料の塑性変形を記述する際や，破壊を判定する際などに応用することができる．具体例の一つとして，弾塑性構成式への応用を第 9 章に示している．

■応力の第 1 不変量　式 (1.38) に示すとおり，応力の第 1 不変量は，

$$I_1 = \sigma_{11} + \sigma_{22} + \sigma_{33} = \sigma_{ii} \tag{2.11}$$

である．この不変量は垂直応力成分の和を示している．

ここで，この不変量の物理的な意味を考えてみよう．もし，ある物体に静水圧 P だけが作用しているときを考えた場合，応力テンソルは物体中で一様で，

$$\sigma_{11} = \sigma_{22} = \sigma_{33} = -P, \quad \sigma_{12} = \sigma_{23} = \sigma_{31} = 0$$

となる．このとき，$I_1 = -3P$ である．つまり，一般の応力状態では，応力の第 1 不変量は，その応力状態における静水圧成分を表す指標として用いることができる．静水圧応力 σ_0 を

$$\sigma_0 = -P = \frac{1}{3}(\sigma_{11} + \sigma_{22} + \sigma_{33}) \tag{2.12}$$

と定義すれば†,

$$I_1 = 3\sigma_0 \tag{2.13}$$

となる.

■**応力の第 2 不変量**　　式 (1.39) に示すとおり，応力の第 2 不変量は,

$$I_2 = \sigma_{22}\sigma_{33} + \sigma_{33}\sigma_{11} + \sigma_{11}\sigma_{22} - \sigma_{23}\sigma_{32} - \sigma_{12}\sigma_{21} - \sigma_{13}\sigma_{31} \tag{2.14}$$

となる.

■**応力の第 3 不変量**　　式 (1.40) に示すとおり，応力の第 3 不変量は,

$$I_3 = \begin{vmatrix} \sigma_{11} & \sigma_{12} & \sigma_{13} \\ \sigma_{21} & \sigma_{22} & \sigma_{23} \\ \sigma_{31} & \sigma_{32} & \sigma_{33} \end{vmatrix} \tag{2.15}$$

となる.

2.4　主応力・最大せん断応力

2.4.1　主応力

　ここでは，応力ベクトルが特殊な性質をもつ場合について考えてみよう．まず，ある方向の平面（法線 $\boldsymbol{n}$）に対する応力ベクトルが，その法線と同じ方向を向いてしまう場合について考える．これは，数式で表すと以下のような状態である．

$$\lambda \begin{pmatrix} n_1 \\ n_2 \\ n_3 \end{pmatrix} = \begin{bmatrix} \sigma_{11} & \sigma_{12} & \sigma_{13} \\ \sigma_{21} & \sigma_{22} & \sigma_{23} \\ \sigma_{31} & \sigma_{32} & \sigma_{33} \end{bmatrix} \begin{pmatrix} n_1 \\ n_2 \\ n_3 \end{pmatrix} \tag{2.16}$$

なお，λ はスカラーであり，ここでは未知である．これは，応力ベクトルが垂直応力成分のみになってしまうことを意味し，この面に対してはせん断応力が発生しないことになる．式 (2.16) を変形すると，以下のように書ける．

$$\left(\begin{bmatrix} \sigma_{11} & \sigma_{12} & \sigma_{13} \\ \sigma_{21} & \sigma_{22} & \sigma_{23} \\ \sigma_{31} & \sigma_{32} & \sigma_{33} \end{bmatrix} - \begin{bmatrix} \lambda & 0 & 0 \\ 0 & \lambda & 0 \\ 0 & 0 & \lambda \end{bmatrix} \right) \begin{pmatrix} n_1 \\ n_2 \\ n_3 \end{pmatrix} = \boldsymbol{0} \tag{2.17}$$

---

†　静水圧応力は「応力」という名前であるが，スカラー量であるので注意すること.

これは，3行3列の行列の固有値および固有ベクトルを求める問題になっていることがわかる．この方程式が有意な解をもつためには，行列式が

$$\begin{vmatrix} \sigma_{11} - \lambda & \sigma_{12} & \sigma_{13} \\ \sigma_{21} & \sigma_{22} - \lambda & \sigma_{23} \\ \sigma_{31} & \sigma_{32} & \sigma_{33} - \lambda \end{vmatrix} = 0 \tag{2.18}$$

を満たさなければならない（特性方程式）．これを展開して λ に対する3次式を書き下すと，前節で導入した応力の不変量を用いて，

$$-\lambda^3 + I_1 \lambda^2 - I_2 \lambda + I_3 = 0 \tag{2.19}$$

となる．本書では詳しくは述べないが，この方程式は実数解を三つもつことが証明できる．この解をそれぞれ大きいほうから λ_1, λ_2, λ_3 としよう．また，これに対応する法線ベクトルを $\boldsymbol{n}_1$, $\boldsymbol{n}_2$, $\boldsymbol{n}_3$ とする．法線ベクトルの大きさは1であり，応力ベクトルを式 (2.16) と定義しているため，固有値 λ_1, λ_2, λ_3 はこのときの垂直応力ベクトルの大きさとなっている．これら三つの応力テンソルの固有値を**主応力**（principal stress）という．それぞれ大きい順に第1主応力，第2主応力，第3主応力とよび，記号 σ_1, σ_2, σ_3 で表す．また，固有ベクトル $\boldsymbol{n}_1$, $\boldsymbol{n}_2$, $\boldsymbol{n}_3$ を**主応力方向**，また，これらの法線ベクトルが表す面を**主応力面**とよぶ．先述のとおり，この面には垂直応力のみが働き，せん断応力は作用しない．対称行列の固有ベクトルの性質のとおり，$\boldsymbol{n}_1$, $\boldsymbol{n}_2$, $\boldsymbol{n}_3$ はそれぞれ直交する．

次に，基底をベクトル $\boldsymbol{n}_1$, $\boldsymbol{n}_2$, $\boldsymbol{n}_3$ と平行にとった場合を考える．このとき，主応力の性質から応力テンソルは対角項のみとなり，

$$\begin{bmatrix} \sigma_{11} & \sigma_{12} & \sigma_{13} \\ \sigma_{21} & \sigma_{22} & \sigma_{23} \\ \sigma_{31} & \sigma_{32} & \sigma_{33} \end{bmatrix} = \begin{bmatrix} \sigma_1 & 0 & 0 \\ 0 & \sigma_2 & 0 \\ 0 & 0 & \sigma_3 \end{bmatrix} \tag{2.20}$$

となる．この応力テンソルを，ごく小さな角度だけ回転した，別の基底で表したときの応力成分を考えてみよう．基底が $\boldsymbol{n}_1$, $\boldsymbol{n}_2$, $\boldsymbol{n}_3$ からごく小さな角度だけ回転した，$\boldsymbol{n}_1'$, $\boldsymbol{n}_2'$, $\boldsymbol{n}_3'$ であるとする（図 2.7）．ここで，

$$\boldsymbol{n}_1' = \boldsymbol{n}_1 + \delta \boldsymbol{n}_1, \quad \boldsymbol{n}_2' = \boldsymbol{n}_2 + \delta \boldsymbol{n}_2, \quad \boldsymbol{n}_3' = \boldsymbol{n}_3 + \delta \boldsymbol{n}_3 \tag{2.21}$$

と表せるとしよう．ただし，$\delta \boldsymbol{n}_1$, $\delta \boldsymbol{n}_2$, $\delta \boldsymbol{n}_3$ はそれぞれの軸の回転量を表しており，それぞれ $\boldsymbol{n}_1$, $\boldsymbol{n}_2$, $\boldsymbol{n}_3$ とは垂直な微小ベクトルである．すると，式 (1.27) で定義される方向余弦は，

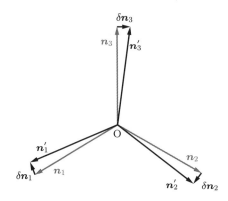

図 2.7 主応力方向およびそこから微小角度だけ回転した座標系

$$R_{11} = (\boldsymbol{n}_1 + \delta\boldsymbol{n}_1) \cdot \boldsymbol{n}_1 = 1 + \delta\boldsymbol{n}_1 \cdot \boldsymbol{n}_1 = 1$$
$$R_{12} = (\boldsymbol{n}_1 + \delta\boldsymbol{n}_1) \cdot \boldsymbol{n}_2 = 0 + \delta\boldsymbol{n}_1 \cdot \boldsymbol{n}_2 = d_{12}$$
$$R_{13} = (\boldsymbol{n}_1 + \delta\boldsymbol{n}_1) \cdot \boldsymbol{n}_3 = 0 + \delta\boldsymbol{n}_1 \cdot \boldsymbol{n}_3 = d_{13}$$
$$R_{21} = (\boldsymbol{n}_2 + \delta\boldsymbol{n}_2) \cdot \boldsymbol{n}_1 = 0 + \delta\boldsymbol{n}_2 \cdot \boldsymbol{n}_1 = d_{21}$$
$$R_{22} = (\boldsymbol{n}_2 + \delta\boldsymbol{n}_2) \cdot \boldsymbol{n}_2 = 1 + \delta\boldsymbol{n}_2 \cdot \boldsymbol{n}_2 = 1 \qquad (2.22)$$
$$R_{23} = (\boldsymbol{n}_2 + \delta\boldsymbol{n}_2) \cdot \boldsymbol{n}_3 = 0 + \delta\boldsymbol{n}_2 \cdot \boldsymbol{n}_3 = d_{23}$$
$$R_{31} = (\boldsymbol{n}_3 + \delta\boldsymbol{n}_3) \cdot \boldsymbol{n}_1 = 0 + \delta\boldsymbol{n}_3 \cdot \boldsymbol{n}_1 = d_{31}$$
$$R_{32} = (\boldsymbol{n}_3 + \delta\boldsymbol{n}_3) \cdot \boldsymbol{n}_2 = 0 + \delta\boldsymbol{n}_3 \cdot \boldsymbol{n}_2 = d_{32}$$
$$R_{33} = (\boldsymbol{n}_3 + \delta\boldsymbol{n}_3) \cdot \boldsymbol{n}_3 = 1 + \delta\boldsymbol{n}_3 \cdot \boldsymbol{n}_3 = 1$$

となる．ここで，$d_{12}, d_{13}, d_{21}, d_{23}, d_{31}, d_{32}$ は $\delta\boldsymbol{n}_1, \delta\boldsymbol{n}_2, \delta\boldsymbol{n}_3$ の大きさが微小であることから，微小量となる．この方向余弦を用いて，式 (1.37) によって成分を変換すると，

$$\begin{bmatrix} \sigma'_{11} & \sigma'_{12} & \sigma'_{13} \\ \sigma'_{21} & \sigma'_{22} & \sigma'_{23} \\ \sigma'_{31} & \sigma'_{32} & \sigma'_{33} \end{bmatrix} = \begin{bmatrix} 1 & d_{12} & d_{13} \\ d_{21} & 1 & d_{23} \\ d_{31} & d_{32} & 1 \end{bmatrix} \begin{bmatrix} \sigma_1 & 0 & 0 \\ 0 & \sigma_2 & 0 \\ 0 & 0 & \sigma_3 \end{bmatrix} \begin{bmatrix} 1 & d_{21} & d_{31} \\ d_{12} & 1 & d_{32} \\ d_{13} & d_{23} & 1 \end{bmatrix}$$
$$\approx \begin{bmatrix} \sigma_1 & d_{21}\sigma_1 + d_{12}\sigma_2 & d_{31}\sigma_1 + d_{13}\sigma_3 \\ d_{21}\sigma_1 + d_{12}\sigma_2 & \sigma_2 & d_{32}\sigma_2 + d_{23}\sigma_3 \\ d_{31}\sigma_1 + d_{13}\sigma_3 & d_{32}\sigma_2 + d_{23}\sigma_3 & \sigma_3 \end{bmatrix}$$
$$(2.23)$$

となる．対角項に注目すると，微小な座標系の回転に対して，$\sigma_{11}, \sigma_{22}, \sigma_{33}$ ともに変化していないことがわかる．これは，主応力 $\sigma_1, \sigma_2, \sigma_3$ が，座標変換に対して応力成分の**極値**になっていることを意味する．$\sigma_1 > \sigma_2 > \sigma_3$ となるように値を決め

たので，σ_1, σ_3 がそれぞれ最大値，最小値になっている．

2.4.2 最大せん断応力

次に，最大主応力の方向 $\boldsymbol{n}_1$ と，最小主応力の方向 $\boldsymbol{n}_3$ から，$45°$ だけ回転した座標系 O-$\boldsymbol{n}_1'\boldsymbol{n}_2'\boldsymbol{n}_3'$（図 2.8）に関する応力テンソルの成分を考えてみよう．ここで，式 (1.27) で定義される方向余弦は，

$$
\begin{aligned}
&R_{11} = \boldsymbol{n}_1' \cdot \boldsymbol{n}_1 = \frac{1}{\sqrt{2}}, \quad R_{12} = \boldsymbol{n}_1' \cdot \boldsymbol{n}_2 = 0, \\
&R_{13} = \boldsymbol{n}_1' \cdot \boldsymbol{n}_3 = \frac{1}{\sqrt{2}}, \quad R_{21} = \boldsymbol{n}_2' \cdot \boldsymbol{n}_1 = 0, \\
&R_{22} = \boldsymbol{n}_2' \cdot \boldsymbol{n}_2 = 1, \quad R_{23} = \boldsymbol{n}_2' \cdot \boldsymbol{n}_3 = 0, \\
&R_{31} = \boldsymbol{n}_3' \cdot \boldsymbol{n}_1 = -\frac{1}{\sqrt{2}}, \quad R_{32} = \boldsymbol{n}_3' \cdot \boldsymbol{n}_2 = 0, \\
&R_{33} = \boldsymbol{n}_3' \cdot \boldsymbol{n}_3 = \frac{1}{\sqrt{2}}
\end{aligned}
\tag{2.24}
$$

となる．この方向余弦テンソルを用いて式 (1.37) により成分を変換すると，

$$
\begin{aligned}
&\begin{bmatrix} \sigma_{11}' & \sigma_{12}' & \sigma_{13}' \\ \sigma_{21}' & \sigma_{22}' & \sigma_{23}' \\ \sigma_{31}' & \sigma_{32}' & \sigma_{33}' \end{bmatrix} \\
&= \begin{bmatrix} 1/\sqrt{2} & 0 & 1/\sqrt{2} \\ 0 & 1 & 0 \\ -1/\sqrt{2} & 0 & 1/\sqrt{2} \end{bmatrix} \begin{bmatrix} \sigma_1 & 0 & 0 \\ 0 & \sigma_2 & 0 \\ 0 & 0 & \sigma_3 \end{bmatrix} \begin{bmatrix} 1/\sqrt{2} & 0 & -1/\sqrt{2} \\ 0 & 1 & 0 \\ 1/\sqrt{2} & 0 & 1/\sqrt{2} \end{bmatrix} \\
&= \begin{bmatrix} (\sigma_1 + \sigma_3)/2 & 0 & -(\sigma_1 - \sigma_3)/2 \\ 0 & \sigma_2 & 0 \\ -(\sigma_1 - \sigma_3)/2 & 0 & (\sigma_1 + \sigma_3)/2 \end{bmatrix}
\end{aligned}
\tag{2.25}
$$

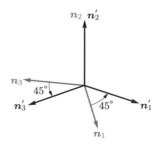

図 2.8 主応力方向から $45°$ 回転した座標系

である．ここで，せん断応力成分 $\sigma'_{13} = -(\sigma_1 - \sigma_3)/2$ となっている．前項より σ_1 も σ_3 も，座標変換に対する応力成分の極値であり，σ_1 が最大値，σ_3 は最小値であった．したがって，この座標系 O-$n'_1 n'_2 n'_3$ で見たときに，せん断応力の絶対値が最大値をとる．この方向を**最大せん断応力方向**といい，最大せん断応力は $(\sigma_1 - \sigma_3)/2$ となる[†]．

2.5 平衡方程式

2.5.1 静的問題での平衡方程式

物体が釣り合いの状態にあるとき，応力テンソルの成分の間に，何か関係はないのであろうか．ここでは，応力テンソルの成分の間に成立しなければならない関係について考えてみよう．図2.9に示される微小六面体を考える．各辺の長さは x_1 軸方向に dx_1，x_2 軸方向に dx_2，x_3 軸方向に dx_3 であるとする．ここで，この微小体積要素は微小であるが大きさをもっていて，正の面と負の面の間では，応力が少しだけ変化すると考える．また，x_1 軸方向に垂直な平面の面積を S_1，x_2 軸方向に垂直な平面の面積を S_2，x_3 軸方向に垂直な平面の面積を S_3 とする．すると，

$$S_1 = dx_2 dx_3, \quad S_2 = dx_3 dx_1, \quad S_3 = dx_1 dx_2 \tag{2.26}$$

である．

ここで，体積に比例する力（体積力）は考えないことにして，x_1 軸方向の力の釣り合いを考えると，

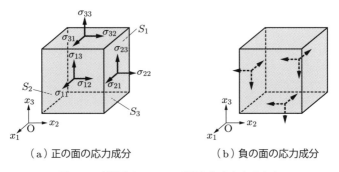

（a）正の面の応力成分　　（b）負の面の応力成分

図 2.9　座標系 O-$x_1 x_2 x_3$ で表した各方向の応力

[†] 材料力学ではモール（Mohr）の応力円などで説明されていたことを思い出してほしい．

$$\sigma_{11}(x_1 + dx_1)S_1 - \sigma_{11}(x_1)S_1$$
$$+ \sigma_{21}(x_2 + dx_2)S_2 - \sigma_{21}(x_2)S_2$$
$$+ \sigma_{31}(x_3 + dx_3)S_3 - \sigma_{31}(x_3)S_3 = 0 \tag{2.27}$$

となる．よって，式 (2.27) の S_1, S_2, S_3 を式 (2.26) で置き換えたあと，両辺を $dx_1 dx_2 dx_3$ で割って整理すると，

$$\frac{\sigma_{11}(x_1 + dx_1) - \sigma_{11}(x_1)}{dx_1} + \frac{\sigma_{21}(x_2 + dx_2) - \sigma_{21}(x_2)}{dx_2}$$
$$+ \frac{\sigma_{31}(x_3 + dx_3) - \sigma_{31}(x_3)}{dx_3} = 0 \tag{2.28}$$

が得られる．ここで，$dx_1, dx_2, dx_3 \to 0$ の極限を考えると，上式の三つの項は，それぞれが座標に関する応力の偏微分となるから，

$$\frac{\partial \sigma_{11}}{\partial x_1} + \frac{\partial \sigma_{21}}{\partial x_2} + \frac{\partial \sigma_{31}}{\partial x_3} = 0 \tag{2.29}$$

となる．

さて，以上の議論と同様にして，x_2 軸方向および x_3 軸方向に対する力の釣り合いを考えると，さらに以下の二つの式を得る．

$$\frac{\partial \sigma_{12}}{\partial x_1} + \frac{\partial \sigma_{22}}{\partial x_2} + \frac{\partial \sigma_{32}}{\partial x_3} = 0 \tag{2.30}$$

$$\frac{\partial \sigma_{13}}{\partial x_1} + \frac{\partial \sigma_{23}}{\partial x_2} + \frac{\partial \sigma_{33}}{\partial x_3} = 0 \tag{2.31}$$

式 (2.29)〜(2.31) を**平衡方程式**（equilibrium あるいは equilibrium equation）という．これら三つの式をさらに書き換えると，

$$\frac{\partial \sigma_{j1}}{\partial x_j} = 0, \quad \frac{\partial \sigma_{j2}}{\partial x_j} = 0, \quad \frac{\partial \sigma_{j3}}{\partial x_j} = 0 \tag{2.32}$$

となる．なお，各式には総和規約が適用されていることに注意してほしい．これら三つの式をまとめると，

$$\frac{\partial \sigma_{ji}}{\partial x_j} = 0 \quad (i = 1, 2, 3) \tag{2.33}$$

となる．応力テンソルが対称テンソルであること（$\sigma_{ji} = \sigma_{ij}$）を用いて添字を入れ換えると，

$$\frac{\partial \sigma_{ij}}{\partial x_j} = 0 \quad (i = 1, 2, 3) \tag{2.34}$$

となる．上式が，体積力がない場合の**静的な応力の平衡方程式**となる．

2.5.2 動的問題および体積力がある場合の平衡方程式

力学・解析力学では，加速度と慣性力（慣性抵抗）を同様に扱える，ダランベール（D'Alembert）の原理を学んだ．ダランベールの原理は固体力学でも当然成立するから，物体が運動している場合には，式 (2.34) に慣性力の項が加わり次式となる．

$$\frac{\partial \sigma_{ij}}{\partial x_j} = \rho \frac{d^2 u_i}{dt^2} \quad (i = 1, 2, 3) \tag{2.35}$$

ここで，ρ は物体の単位体積あたりの質量（密度），u_i は変位ベクトルである．上式の右辺は，変位の時間に関する2階微分であるから，微小要素の体積 $(dx_1 dx_2 dx_3)$ をかければ，加速度に対して生じる微小要素の慣性力であることが容易に理解できよう．時間に関する微分演算をドットを使う形式に書き換えると，

$$\frac{\partial \sigma_{ij}}{\partial x_j} = \rho \ddot{u}_i \quad (i = 1, 2, 3) \tag{2.36}$$

となる．ただし，$\ddot{u}_i$ は時間に関する2階微分である．式 (2.35) および式 (2.36) は，質点における運動方程式

$$F = m \frac{d^2 u}{dt^2} \tag{2.37}$$

の連続体への自然な拡張である．

最後に，弾性体における平衡方程式をさらに一般化するために，重力や遠心力など，微小要素の体積に作用する体積力 b_i を加える．この場合，最終的に得られた平衡方程式の一般形は，以下のようになる．

$$\frac{\partial \sigma_{ij}}{\partial x_j} + b_i = \rho \ddot{u}_i \quad (i = 1, 2, 3) \tag{2.38}$$

以上のようにして得られた弾性体の平衡方程式 = 運動方程式が，弾性問題における**解くべき微分方程式**となる．すなわち，式 (2.38) の微分方程式を，与えられた問題における**初期条件**と**境界条件**のもとに解くことになる．微分方程式を解くという意味においては，流体問題におけるナビエ－ストークスの方程式を解くことと本質的には同じであり，数学的な微分方程式論に基づく古典的なアプローチが解析の基本となる．

2.6 円柱座標系における平衡方程式

固体力学の問題では，円柱や円孔の空いた部材などの検討を行うことも多い．このような場合，円柱座標系を用いて考えるのが便利である．円柱座標系においては，直交座標系の場合とは平衡方程式の形が異なるため，ここではその形がどうなるかを考えてみよう．なお，ここでは簡単のため，体積力を無視することにする．

図 2.10 のように，ある物体を円柱座標系の各軸に垂直に（バウムクーヘンのような形状に）切り出した，微小物体の力の釣り合いを考える．この物体にかかる応力を考えてみよう．この物体を z 軸方向から見たとき，各面にかかっている r, θ 軸方向の応力が図 2.11 に示されている．ここで，θ 軸の方向が場所によって変化するため，2.5 節で微小六面体を考えたときと違い，応力ベクトルの方向に注意しなければならない．

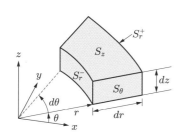

図 2.10 バウムクーヘン状の微小物体

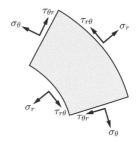

図 2.11 z 軸方向から見た際に各面に
かかっている r, θ 軸方向の応力

ここで，半径方向（r 軸方向）に垂直な面の面積 S_r は，正の面で $S_r^+ = (r + dr)d\theta dz$，負の面で $S_r^- = rd\theta dz$ である．周方向（θ 軸方向）に垂直な面の面積は $S_\theta = drdz$ である．高さ方向（z 軸方向）に垂直な面の面積 S_z は，半径 $r + dr$，中心角 $d\theta$ の扇形の面積から半径 r，中心角 $d\theta$ の扇形の面積を引けばよく，高次の微小項を無視すれば，$S_z = rdrd\theta$ と求めることができる．

また，周方向の応力については，正の面と負の面で働く方向が変化することに注意する必要がある．正の方向の応力ベクトルの計算については図 2.12 に示した．なお，以下の釣り合いの計算では，高次の微小量を無視して，$\sin d\theta = d\theta$，$\cos d\theta = 1$ として計算する．

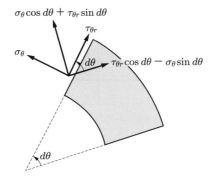

図 2.12 周方向の変化に伴う応力ベクトルの考え方

■**半径方向の力の釣り合い** 半径方向（r 軸方向）についての力の釣り合いは，以下のように書くことができる．

$$\sigma_r(r+dr)S_r^+ - \sigma_r(r)S_r^- + \{\tau_{\theta r}(\theta+d\theta) - \sigma_\theta(\theta+d\theta)d\theta\}S_\theta$$
$$- \tau_{\theta r}(\theta)S_\theta + \tau_{zr}(z+dz)S_z - \tau_{zr}(z)S_z = 0 \tag{2.39}$$

全体を $rdrd\theta dz$ で割ると，

$$\frac{1}{r}\sigma_r(r+dr) + \frac{\sigma_r(r+dr) - \sigma_r(r)}{dr} - \frac{1}{r}\sigma_\theta(\theta+d\theta)$$
$$+ \frac{\tau_{\theta r}(\theta+d\theta) - \tau_{\theta r}(\theta)}{rd\theta} + \frac{\tau_{zr}(z+dz) - \tau_{zr}(z)}{dz} = 0 \tag{2.40}$$

となる．$dr, d\theta, dz \to 0$ の極限を考え，偏微分の定義を考えると，

$$\frac{\partial \sigma_r}{\partial r} + \frac{1}{r}\frac{\partial \tau_{\theta r}}{\partial \theta} + \frac{\partial \tau_{zr}}{\partial z} + \frac{\sigma_r - \sigma_\theta}{r} = 0 \tag{2.41}$$

となり，これが半径方向の平衡方程式である．

■**周方向の力の釣り合い** 周方向（θ 軸方向）についての力の釣り合いは，以下のように書くことができる．

$$\tau_{r\theta}(r+dr)S_r^+ - \tau_{r\theta}(r)S_r^- + \{\sigma_\theta(\theta+d\theta) + \tau_{\theta r}(\theta+d\theta)d\theta\}S_\theta$$
$$- \sigma_\theta(\theta)S_\theta + \tau_{z\theta}(z+dz)S_z - \tau_{z\theta}(z)S_z = 0 \tag{2.42}$$

全体を $rdrd\theta dz$ で割ると，

$$\frac{1}{r}\tau_{r\theta}(r+dr) + \frac{\tau_{r\theta}(r+dr) - \tau_{r\theta}(r)}{dr} + \frac{1}{r}\tau_{\theta r}(\theta+d\theta)$$
$$+ \frac{1}{r}\frac{\sigma_\theta(\theta+d\theta) - \sigma_\theta(r)}{d\theta} + \frac{\tau_{z\theta}(z+dz) - \tau_{z\theta}(z)}{dz} = 0 \tag{2.43}$$

となる．$dr, d\theta, dz \to 0$ の極限を考え，偏微分の定義を考えると，

$$\frac{\partial \tau_{r\theta}}{\partial r} + \frac{1}{r}\frac{\partial \sigma_\theta}{\partial \theta} + \frac{\partial \tau_{z\theta}}{\partial z} + \frac{2\tau_{\theta r}}{r} = 0 \tag{2.44}$$

となり，これが周方向の平衡方程式となる．

■**高さ方向の力の釣り合い**　　高さ方向（z 軸方向）の力の釣り合いは，以下のように書くことができる．

$$\tau_{rz}(r+dr)S_r^+ - \tau_{rz}(r)S_r^- + \tau_{\theta z}(\theta + d\theta)S_\theta - \tau_{\theta z}(\theta)S_\theta$$
$$+ \sigma_z(z+dz)S_z - \sigma_z(z)S_z = 0 \tag{2.45}$$

全体を $rdrd\theta dz$ で割ると，

$$\frac{1}{r}\tau_{rz}(r+dr) + \frac{\tau_{rz}(r+dr) - \tau_{rz}(r)}{dr}$$
$$+ \frac{\tau_{\theta z}(\theta + d\theta) - \tau_{\theta z}(\theta)}{rd\theta} + \frac{\sigma_z(z+dz) - \sigma_z(z)}{dz} = 0 \tag{2.46}$$

となる．$dr, d\theta, dz \to 0$ の極限を考え，偏微分の定義を考えると，

$$\frac{\partial \tau_{rz}}{\partial r} + \frac{1}{r}\frac{\partial \tau_{\theta z}}{\partial \theta} + \frac{\partial \sigma_z}{\partial z} + \frac{\tau_{rz}}{r} = 0 \tag{2.47}$$

となり，これが高さ方向の平衡方程式となる．

以上の平衡方程式を 3 方向まとめると，

$$\frac{\partial \sigma_r}{\partial r} + \frac{1}{r}\frac{\partial \tau_{\theta r}}{\partial \theta} + \frac{\partial \tau_{zr}}{\partial z} + \frac{\sigma_r - \sigma_\theta}{r} = 0$$
$$\frac{\partial \tau_{r\theta}}{\partial r} + \frac{1}{r}\frac{\partial \sigma_\theta}{\partial \theta} + \frac{\partial \tau_{z\theta}}{\partial z} + \frac{2\tau_{\theta r}}{r} = 0 \tag{2.48}$$
$$\frac{\partial \tau_{rz}}{\partial r} + \frac{1}{r}\frac{\partial \tau_{\theta z}}{\partial \theta} + \frac{\partial \sigma_z}{\partial z} + \frac{\tau_{rz}}{r} = 0$$

となる．直交座標系（座標系 O-xyz あるいは座標系 O-$x_1x_2x_3$）の場合（式 (2.29)～(2.31)）と比べて，少し形が複雑になっているので注意してほしい．

演習問題

2.1　固体内のある点 P において，二つの異なる方向の面積要素を考える．このとき，それぞれの単位法線ベクトルが $\boldsymbol{n}$ および $\boldsymbol{n}'$ であるとする．各方向に関する応力ベクトルを $\boldsymbol{t}, \boldsymbol{t}'$ としたとき，$\boldsymbol{n} \cdot \boldsymbol{t}' = \boldsymbol{n}' \cdot \boldsymbol{t}$ が成立することを示せ．

2.2 固体内のある点における応力テンソルを直交座標系 O-$x_1 x_2 x_3$ を用いて表した際の成分が,

$$\begin{bmatrix} 1 & 1 & 1 \\ 1 & 1 & 1 \\ 1 & 1 & 1 \end{bmatrix}$$

であったとする. このとき, 主応力と主応力方向のベクトル成分を座標系 O-$x_1 x_2 x_3$ を用いて表せ.

2.3 次式で表される, 直交座標系 O-xyz で定義された応力は釣り合っているか.

$$\sigma_x = 2x^2 y + y^2 - z^2, \quad \sigma_y = \frac{2y^3}{3}, \quad \sigma_z = 2y - z + 1,$$
$$\tau_{xy} = -2xy^2, \quad \tau_{yz} = x + 2y, \quad \tau_{zx} = -x + y$$

2.4 次式で表される, 円柱座標系 O-$r\theta z$ で定義された応力は釣り合っているか.

$$\sigma_r = r^2 (7\cos^4\theta - 6\cos^2\theta + 1), \quad \sigma_\theta = 7r^2(\cos^2\theta - \cos^4\theta), \quad \sigma_z = z^2,$$
$$\tau_{r\theta} = r^2(3\cos\theta - 7\cos^3\theta)\sin\theta, \quad \tau_{rz} = -2rz\cos^2\theta, \quad \tau_{\theta z} = 2rz\cos\theta\sin\theta$$

2.5 固体内のある点で, 直交座標系 O-$x_1 x_2 x_3$ に対し, 応力テンソルの成分が以下のようになるとする.

$$\boldsymbol{\sigma} = \begin{bmatrix} \sigma_1 & 0 & 0 \\ 0 & \sigma_2 & 0 \\ 0 & 0 & \sigma_3 \end{bmatrix}$$

ここで, $\sigma_1 > \sigma_2 > \sigma_3$ とする. このとき, 座標系 O-$x_1 x_2 x_3$ を x_3 軸まわりに角度 θ だけ回転させたときの座標系を O-$x_1' x_2' x_3'$ とする. このとき, 座標系 O-$x_1' x_2' x_3'$ に対して, 応力テンソルの成分 σ_{11}', σ_{12}' を求めよ. また, 横軸を σ_{11}', 縦軸を σ_{12}' にとり, 角度 θ を変化させた際に現れる曲線を図示せよ.

2.6 固体内のある点における応力テンソルを直交座標系 O-$x_1 x_2 x_3$ を用いて表した際の成分が,

$$\begin{bmatrix} -1 & -1 & 0 \\ -1 & 3 & 2 \\ 0 & 2 & 3 \end{bmatrix}$$

であったとする. このとき, 主応力と主応力方向のベクトル成分を座標系 O-$x_1 x_2 x_3$ を用いて表せ.

2.7 応力テンソルの成分を σ_{ij} とし, δ_{ij} をクロネッカーのデルタであるとする. このとき,

$$s_{ij} = \sigma_{ij} - \sigma_0 \delta_{ij} \tag{2.49}$$

を偏差応力 (deviatoric stress) という. ここで,

$$I_2' = s_{22}s_{33} + s_{33}s_{11} + s_{11}s_{22} - s_{23}s_{32} - s_{12}s_{21} - s_{13}s_{31}$$

としたとき, I_2' を応力の不変量 I_1 と I_2 で表せ.

ひずみ

前章では，物体の内部の力学的な状態を記述する方法として，応力を導入した．本章では，物体内部の運動学的な状態（変形状態）を記述する方法として，**ひずみ**を導入する．ひずみもまた，応力と同様，2 階のテンソルとして表すことができる．3.1 節ではまず，ひずみがなぜ 2 階のテンソルで表せるのかを，ひずみの定義を紹介することによって示す．ひずみの定義やひずみが 2 階のテンソルになることをすでに知っている読者や，それらに興味のない読者は，3.2 節から読み進めていただいてもかまわない．

3.1 ひずみの定義

3.1.1 変形勾配

ひずみは，固体の変形を記述する目的で使用される．まず，図 3.1 に示すような，微小六面体の変形を考える．この変形状態を数学的に記述するには，どのようにすればよいだろうか．

簡単のため，まず 2 次元の O-x_1x_2 平面で考えてみよう（図 3.2）．微小四角形 ABCD が微小四角形 A′B′C′D′ に変形したときを考える．このとき，各頂点の変形前後の位置ベクトルの差（これを変位という）を図中に示した．なお，このあと

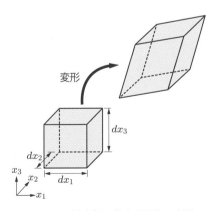

図 3.1　固体内部の微小六面体の変形

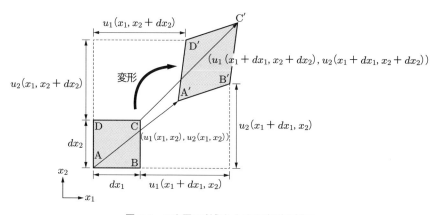

図 3.2 2 次元で考えたときの変形の様子

の定式化では，変位，およびその 1 階微分の項は十分小さいとして，2 次の微小量を無視する（これを微小変形近似という）．

ここで，変形前の頂点 A の座標が (x_1, x_2) であり，辺 AB の長さを dx_1，辺 AD の長さを dx_2 とする．このとき，もともとの四角形から変形後の四角形への変形を完全に記述するためには，各辺それぞれがどのように変化したかを書き表すことができればよい．たとえば辺 AB が辺 A′B′ に，辺 AD が辺 A′D′ に変化する，ということを記述できればよいことになる．すると，ベクトル $(dx_1, 0)$ が $(dx_1 + u_1(x_1 + dx_1, x_2) - u_1(x_1, x_2), u_2(x_1 + dx_1, x_2) - u_2(x_1, x_2))$ に，ベクトル $(0, dx_2)$ が $(u_1(x_1, x_2 + dx_2) - u_1(x_1, x_2), dx_2 + u_2(x_1, x_2 + dx_2) - u_2(x_1, x_2))$ に変換されることになる．これを行列で書き表すことを考えよう．変形前の微小四角形の内部の任意位置 P を示すベクトル $\overrightarrow{\mathrm{AP}}$ が (a_1, a_2) であった際，これが変形後にベクトル $\overrightarrow{\mathrm{A'P'}}(a'_1, a'_2)$ に移るとすると，

$$
\begin{pmatrix} a'_1 \\ a'_2 \end{pmatrix}
$$

$$
= \begin{bmatrix} 1 + \dfrac{u_1(x_1 + dx_1, x_2) - u_1(x_1, x_2)}{dx_1} & \dfrac{u_1(x_1, x_2 + dx_2) - u_1(x_1, x_2)}{dx_2} \\ \dfrac{u_2(x_1 + dx_1, x_2) - u_2(x_1, x_2)}{dx_1} & 1 + \dfrac{u_2(x_1, x_2 + dx_2) - u_2(x_1, x_2)}{dx_2} \end{bmatrix} \begin{pmatrix} a_1 \\ a_2 \end{pmatrix}
$$

$$(3.1)$$

となる．ここで $dx_1, dx_2 \to 0$ の極限を考えると，上式は，

$$\begin{pmatrix} a_1' \\ a_2' \end{pmatrix} = \begin{bmatrix} 1 + \dfrac{\partial u_1}{\partial x_1} & \dfrac{\partial u_1}{\partial x_2} \\ \dfrac{\partial u_2}{\partial x_1} & 1 + \dfrac{\partial u_2}{\partial x_2} \end{bmatrix} \begin{pmatrix} a_1 \\ a_2 \end{pmatrix} \tag{3.2}$$

と書くことができる．この行列は図 3.2 における変形を書き表すことができており，変形の表現として用いることができる．これは連続体力学では変形勾配とよばれるものである．興味のある方は付録 A を参照されたい．

3.1.2　ひずみの導出

しかし，変形勾配を固体力学において固体の変形の表現として使うには，不便な点が残っている．すなわち，この行列の中に，(1) **剛体回転**の効果が入ってしまっていること，および (2) **無変形でも成分がすべて 0 にならない**ことである．図 3.3 に示すとおり，剛体回転は同じ形状のまま回転しているだけであり，固体に応力を発生させるような変形ではない．このため，固体力学における変形の記述からは，剛体回転の効果を除くことが必要である．

実際に，この微小四角形が**剛体回転**している角度について考える．図 3.3 を見ると，$\partial u_1 / \partial x_2$, $\partial u_2 / \partial x_1$ が微小な範囲であれば，角度 θ と φ は，

$$\theta = \sin^{-1} \frac{\partial u_2}{\partial x_1} \approx \frac{\partial u_2}{\partial x_1}, \quad \varphi = \sin^{-1} \left(-\frac{\partial u_1}{\partial x_2} \right) \approx -\frac{\partial u_1}{\partial x_2}$$

となる[†]．剛体回転の角度を ψ とすると，ψ は θ と φ の平均値であると見てよく，

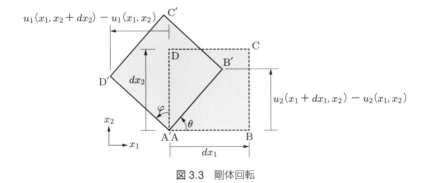

図 3.3　剛体回転

[†] もちろん，純粋な剛体回転では $\theta = \varphi$ であるが，一般の変形から剛体変位成分を抽出している，と考えてほしい．

$$\psi = \frac{1}{2}(\theta + \varphi) = \frac{1}{2}\left(\frac{\partial u_2}{\partial x_1} - \frac{\partial u_1}{\partial x_2}\right)$$

となる．剛体回転の効果を除くためには，角度 ψ だけ逆回転させればよい．線形代数における回転移動の一次変換の公式を思い出せば，逆回転を表す行列は，

$$\begin{bmatrix} \cos(-\psi) & -\sin(-\psi) \\ \sin(-\psi) & \cos(-\psi) \end{bmatrix} = \begin{bmatrix} \cos\psi & \sin\psi \\ -\sin\psi & \cos\psi \end{bmatrix}$$

$$\approx \begin{bmatrix} 1 & \frac{1}{2}\left(\frac{\partial u_2}{\partial x_1} - \frac{\partial u_1}{\partial x_2}\right) \\ \frac{1}{2}\left(-\frac{\partial u_2}{\partial x_1} + \frac{\partial u_1}{\partial x_2}\right) & 1 \end{bmatrix}$$

となる（行列中の $\sin, \cos$ の変形には θ と ψ が微小であることを用いている）．この回転行列を用いて，式 (3.2) の変形を示す行列を剛体回転の分だけ逆回転させると，

$$\begin{bmatrix} 1 & \frac{1}{2}\left(\frac{\partial u_2}{\partial x_1} - \frac{\partial u_1}{\partial x_2}\right) \\ \frac{1}{2}\left(-\frac{\partial u_2}{\partial x_1} + \frac{\partial u_1}{\partial x_2}\right) & 1 \end{bmatrix} \begin{bmatrix} 1 + \frac{\partial u_1}{\partial x_1} & \frac{\partial u_1}{\partial x_2} \\ \frac{\partial u_2}{\partial x_1} & 1 + \frac{\partial u_2}{\partial x_2} \end{bmatrix}$$

$$\approx \begin{bmatrix} 1 + \frac{\partial u_1}{\partial x_1} & \frac{1}{2}\left(\frac{\partial u_1}{\partial x_2} + \frac{\partial u_2}{\partial x_1}\right) \\ \frac{1}{2}\left(\frac{\partial u_1}{\partial x_2} + \frac{\partial u_2}{\partial x_1}\right) & 1 + \frac{\partial u_2}{\partial x_2} \end{bmatrix} \tag{3.3}$$

となる．なお，ここで微小変形近似により，2 次の微小量は無視した．

次に，(2) の**無変形でも成分がすべて 0 にならない**問題を解決するため，四角形 ABCD の中のベクトル (a_1, a_2) の長さの変化に着目してみよう．式 (3.3) の行列をベクトル (a_1, a_2) に作用させ，変形させた際，ベクトル (a_1'', a_2'') となったとすると，

$$\begin{pmatrix} a_1'' \\ a_2'' \end{pmatrix} = \begin{bmatrix} 1 + \frac{\partial u_1}{\partial x_1} & \frac{1}{2}\left(\frac{\partial u_1}{\partial x_2} + \frac{\partial u_2}{\partial x_1}\right) \\ \frac{1}{2}\left(\frac{\partial u_1}{\partial x_2} + \frac{\partial u_2}{\partial x_1}\right) & 1 + \frac{\partial u_2}{\partial x_2} \end{bmatrix} \begin{pmatrix} a_1 \\ a_2 \end{pmatrix}$$

となる．また，変形後のベクトルの長さを l'' とすると，

$$l''^2 = (a_1'' \quad a_2'') \begin{pmatrix} a_1'' \\ a_2'' \end{pmatrix}$$

$$
= \begin{pmatrix} a_1 & a_2 \end{pmatrix} \begin{bmatrix} 1+\frac{\partial u_1}{\partial x_1} & \frac{1}{2}\left(\frac{\partial u_1}{\partial x_2}+\frac{\partial u_2}{\partial x_1}\right) \\ \frac{1}{2}\left(\frac{\partial u_1}{\partial x_2}+\frac{\partial u_2}{\partial x_1}\right) & 1+\frac{\partial u_2}{\partial x_2} \end{bmatrix}^T \begin{bmatrix} 1+\frac{\partial u_1}{\partial x_1} & \frac{1}{2}\left(\frac{\partial u_1}{\partial x_2}+\frac{\partial u_2}{\partial x_1}\right) \\ \frac{1}{2}\left(\frac{\partial u_1}{\partial x_2}+\frac{\partial u_2}{\partial x_1}\right) & 1+\frac{\partial u_2}{\partial x_2} \end{bmatrix} \begin{pmatrix} a_1 \\ a_2 \end{pmatrix}
$$

$$
= \begin{pmatrix} a_1 & a_2 \end{pmatrix} \begin{bmatrix} 1+2\dfrac{\partial u_1}{\partial x_1} & \dfrac{\partial u_1}{\partial x_2}+\dfrac{\partial u_2}{\partial x_1} \\ \dfrac{\partial u_1}{\partial x_2}+\dfrac{\partial u_2}{\partial x_1} & 1+2\dfrac{\partial u_2}{\partial x_2} \end{bmatrix} \begin{pmatrix} a_1 \\ a_2 \end{pmatrix} \tag{3.4}
$$

となる．ただし，微小変形近似により，2 次の微小量を無視している．ここで，上式の中の係数行列

$$
\begin{bmatrix} 1+2\dfrac{\partial u_1}{\partial x_1} & \dfrac{\partial u_1}{\partial x_2}+\dfrac{\partial u_2}{\partial x_1} \\ \dfrac{\partial u_1}{\partial x_2}+\dfrac{\partial u_2}{\partial x_1} & 1+2\dfrac{\partial u_2}{\partial x_2} \end{bmatrix}
$$

は，長さ l'' の 2 乗を算出するための行列ということになる．長さ l'' を調べるためには，この 2 乗根をとればよい．式 (3.4) を見れば，この行列は，同じ行列

$$
\begin{bmatrix} 1+\dfrac{\partial u_1}{\partial x_1} & \dfrac{1}{2}\left(\dfrac{\partial u_1}{\partial x_2}+\dfrac{\partial u_2}{\partial x_1}\right) \\ \dfrac{1}{2}\left(\dfrac{\partial u_1}{\partial x_2}+\dfrac{\partial u_2}{\partial x_1}\right) & 1+\dfrac{\partial u_2}{\partial x_2} \end{bmatrix} \tag{3.5}
$$

を 2 回かけたものである（対称テンソルであるため）．したがって，式 (3.5) の行列が，長さ l'' に関連する行列ということになる．

　長さそのものではなく，「長さの変化」を算出するため，上式から単位行列（もともとの長さに対応する）を引いておこう．

$$
\begin{bmatrix} 1+\dfrac{\partial u_1}{\partial x_1} & \dfrac{1}{2}\left(\dfrac{\partial u_1}{\partial x_2}+\dfrac{\partial u_2}{\partial x_1}\right) \\ \dfrac{1}{2}\left(\dfrac{\partial u_1}{\partial x_2}+\dfrac{\partial u_2}{\partial x_1}\right) & 1+\dfrac{\partial u_2}{\partial x_2} \end{bmatrix} - \begin{bmatrix} 1 & 0 \\ 0 & 1 \end{bmatrix}
$$

$$
= \begin{bmatrix} \dfrac{\partial u_1}{\partial x_1} & \dfrac{1}{2}\left(\dfrac{\partial u_1}{\partial x_2}+\dfrac{\partial u_2}{\partial x_1}\right) \\ \dfrac{1}{2}\left(\dfrac{\partial u_1}{\partial x_2}+\dfrac{\partial u_2}{\partial x_1}\right) & \dfrac{\partial u_2}{\partial x_2} \end{bmatrix} \tag{3.6}
$$

この行列は，変形前のベクトルを，それが変形によってどの方向にどれだけ伸びたかを示すベクトルに変換することになる．この行列には，剛体回転の効果は入っておらず，また，無変形のときは成分がすべて 0 になる．つまり，これが変形状態を

表す行列としてふさわしい.

さて,ここまでは O-$x_1 x_2$ 平面の 2 次元で話を進めてきたが,同じことを O-$x_1 x_3$, O-$x_2 x_3$ 平面でも行えば,3 次元的な変形を表す行列が得られる.

$$
\begin{bmatrix}
\dfrac{\partial u_1}{\partial x_1} & \dfrac{1}{2}\left(\dfrac{\partial u_1}{\partial x_2} + \dfrac{\partial u_2}{\partial x_1}\right) & \dfrac{1}{2}\left(\dfrac{\partial u_1}{\partial x_3} + \dfrac{\partial u_3}{\partial x_1}\right) \\[3mm]
\dfrac{1}{2}\left(\dfrac{\partial u_1}{\partial x_2} + \dfrac{\partial u_2}{\partial x_1}\right) & \dfrac{\partial u_2}{\partial x_2} & \dfrac{1}{2}\left(\dfrac{\partial u_2}{\partial x_3} + \dfrac{\partial u_3}{\partial x_2}\right) \\[3mm]
\dfrac{1}{2}\left(\dfrac{\partial u_1}{\partial x_3} + \dfrac{\partial u_3}{\partial x_1}\right) & \dfrac{1}{2}\left(\dfrac{\partial u_2}{\partial x_3} + \dfrac{\partial u_3}{\partial x_2}\right) & \dfrac{\partial u_3}{\partial x_3}
\end{bmatrix}
\tag{3.7}
$$

これは,固体の中の微小な 3 次元的ベクトル (a_1, a_2, a_3) を作用させると,そのベクトルが変形によって各方向にどれだけ伸び縮みするかを示すベクトルを与える形になっている.これより,最終的に表れた式 (3.7) の行列は **2 階のテンソル**になっている.固体力学においては,このテンソルを**ひずみテンソル**とよび,記号 ε を用いて表す†.各成分は,ε_{11}, ε_{12}, ... 等となり,以下の式で統一的に記述することができる.

$$
\varepsilon_{ij} = \frac{1}{2}\left(\frac{\partial u_i}{\partial x_j} + \frac{\partial u_j}{\partial x_i}\right)
\tag{3.8}
$$

式 (3.7) を見れば容易にわかるとおり,ひずみテンソルは**対称テンソル**である.

3.2 ひずみの各成分の意味

本節では,前節で導入したひずみテンソルの各成分に対して,その物理的意味を考える.まずはじめに,ひずみテンソルの対角成分について考えてみよう.ここで,式 (3.8) のとおり,対角成分は以下のように書ける.

$$
\varepsilon_{11} = \frac{\partial u_1}{\partial x_1}, \quad \varepsilon_{22} = \frac{\partial u_2}{\partial x_2}, \quad \varepsilon_{33} = \frac{\partial u_3}{\partial x_3}
$$

これらの物理的な意味を考えるため,図 3.4 のように,x_1 軸および x_2 軸方向の幅がそれぞれ dx_1, dx_2 の微小な長方形 ABCD が変形し,長方形 A′B′C′D′ になった場合を考える.このとき,変形後の形状も長方形であることに注意してほしい.

---

† 正式には微小ひずみテンソルという.連続体力学の範囲ではひずみテンソルにはさまざまな種類があり,微小ひずみはその一つである.なお,本書では独特の方法で微小ひずみテンソルの説明を行っているが,この説明に関する補足説明と連続体力学との関連を付録 A にまとめているので,興味がある場合は参照されたい.

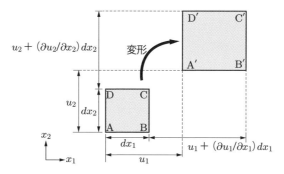

図 3.4 変位とひずみの関係（垂直ひずみ）

ここで辺 AB に注目すると，変形に伴ってこの辺の長さが dx_1 から $(\partial u_1/\partial x_1)dx_1$ に伸びている．つまり，この辺の伸びた割合は，$\partial u_1/\partial x_1 = \varepsilon_{11}$ になっている．同様に，辺 AD の伸びた割合は $\partial u_2/\partial x_2 = \varepsilon_{22}$ になっている．同じ考察を O-x_1x_3 平面，O-x_2x_3 平面で行えば，ひずみテンソルの対角成分 ε_{11}, ε_{22}, ε_{33} の物理的な意味はそれぞれ，変形に伴う x_1 軸方向，x_2 軸方向，x_3 軸方向への伸び率であることがわかる．これらの対角方向のひずみ成分を総称して，**垂直ひずみ**という．

　次に，ひずみテンソルの非対角成分 ε_{12}, ε_{23}, ε_{31}, ... について考えてみよう．式 (3.8) のとおり，非対角成分は次のように書ける．

$$\varepsilon_{12} = \frac{1}{2}\left(\frac{\partial u_1}{\partial x_2} + \frac{\partial u_2}{\partial x_1}\right), \quad \varepsilon_{23} = \frac{1}{2}\left(\frac{\partial u_2}{\partial x_3} + \frac{\partial u_3}{\partial x_2}\right), \quad \varepsilon_{31} = \frac{1}{2}\left(\frac{\partial u_1}{\partial x_3} + \frac{\partial u_3}{\partial x_1}\right),$$
$$\varepsilon_{21} = \varepsilon_{12}, \quad \varepsilon_{32} = \varepsilon_{23}, \quad \varepsilon_{13} = \varepsilon_{31}$$

　これらの物理的な意味を考えるため，図 3.5 のような変形を考える．もとの微小な長方形 ABCD は，A′B′C′D′ のように平行四辺形に変形する．ここで，∠DAB の変化を考える．なお，変形は微小であると仮定する．辺 A′B′ が x_1 軸となす角は $\arctan(\partial u_2/\partial x_1) \approx \partial u_2/\partial x_1$ であり，また，辺 A′D′ が x_2 軸となす角は $-\arctan(\partial u_1/\partial x_2) \approx \partial u_1/\partial x_2$ となる．したがって，∠DAB は変形に伴って $\partial u_1/\partial x_2 + \partial u_2/\partial x_1$ だけ小さくなったことがわかる．この角度の変化とひずみテンソルの非対角成分を見比べると，角度変化は $2\varepsilon_{12}$ に等しいことがわかる．同じ考察を O-x_1x_3 平面，O-x_2x_3 平面で行えば，ひずみテンソルの対角成分 ε_{12}, ε_{23}, ε_{31} の物理的な意味はそれぞれ，変形に伴う O-x_1x_2 平面上，O-x_2x_3 平面上，O-x_3x_1 平面上の微小長方形の角度変化の半分にあたることがわかる．図 3.5 のような変形を**せん断変形**とよび，ひずみテンソルの非対角成分を総称して**せん断ひずみ**という．

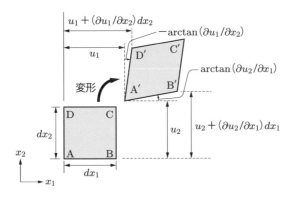

図 3.5　変位とひずみの関係（せん断ひずみ）

3.3　テンソルひずみ・工学ひずみ

前節では，ひずみテンソルの非対角成分が長方形の角度変化の半分にあたることを示した．しかし，工学的には角度変化の半分ではなく，角度変化そのものをせん断変形の指標として用いることが多い．これを**工学ひずみ**といい，記号 γ を用いて表す．すなわち，

$$\gamma_{12} = 2\varepsilon_{12}, \quad \gamma_{23} = 2\varepsilon_{23}, \quad \gamma_{31} = 2\varepsilon_{31} \tag{3.9}$$

である．なお，工学ひずみ表記においても，垂直ひずみは記号 ε を用いて表す．また，工学ひずみに対して，$\varepsilon_{12}, \varepsilon_{23}, \varepsilon_{31}$ のように従来から用いている表記をテンソルひずみということがある．

本書では今後，基本的に工学ひずみは $\varepsilon_x, \gamma_{xy}$ のように，座標系 O-xyz を用いて表現し，テンソルひずみは $\varepsilon_{11}, \varepsilon_{12}$ のように，座標系 O-$x_1x_2x_3$ を用いて表すことにする．また，工学ひずみに対応して座標系 O-xyz で応力を記述するときは σ_x, τ_{xy} 等と表現し，テンソルひずみに対応して座標系 O-$x_1x_2x_3$ で応力を記述するときは σ_{11}, σ_{12} 等と表現することにする．工学ひずみ表記でのひずみについてその成分を具体的に書いておくと，x, y, z 軸方向への変位をそれぞれ u, v, w としたとき，

$$\varepsilon_x = \frac{\partial u}{\partial x}, \quad \varepsilon_y = \frac{\partial v}{\partial y}, \quad \varepsilon_z = \frac{\partial w}{\partial z} \tag{3.10}$$

および

$$\gamma_{yz} = \frac{\partial v}{\partial z} + \frac{\partial w}{\partial y}, \quad \gamma_{zx} = \frac{\partial w}{\partial x} + \frac{\partial u}{\partial z}, \quad \gamma_{xy} = \frac{\partial v}{\partial x} + \frac{\partial u}{\partial y} \tag{3.11}$$

となる．

ひずみは変位の微分として，式 (3.8) により与えられる．もし変位場 u_i が座標 (x_1, x_2, x_3) の関数として与えられれば，ひずみ ε_{ij} はその座標の関数として計算することができる．しかし，それとは逆に，微分量である ε_{ij} が与えられた場合，一価連続な変位場が保証されるためには，ひずみの成分どうしの間に何らかの拘束条件式が必要となる．なぜかというと，変位には独立な成分が三つなのに対して，ひずみを拘束しないと，独立な成分が六つあることになってしまうからである．この拘束条件式を，一般に**適合条件式**（compatibility equation）とよぶ．

ひずみの適合条件を求めるためには，ひずみと変位の関係である式 (3.8) から出発して，成分どうしの演算を行って変位を消去すればよい．このときに成立している成分間の関係式には変位が含まれていないが，変位からひずみを算出する（つまり，物理的にひずみに対応する変位が存在する）際には，その関係式が必ず満足されているはずである．よって，これが満たされていないひずみ場というのは物理的には存在し得ない．ここでは，まず式 (3.8) を座標で微分する．

$$\frac{\partial^2 \varepsilon_{ij}}{\partial x_k \partial x_l} = \frac{1}{2}\left(\frac{\partial^3 u_i}{\partial x_j \partial x_k \partial x_l} + \frac{\partial^3 u_j}{\partial x_i \partial x_k \partial x_l}\right) \tag{3.12}$$

$$\frac{\partial^2 \varepsilon_{kl}}{\partial x_i \partial x_j} = \frac{1}{2}\left(\frac{\partial^3 u_k}{\partial x_i \partial x_j \partial x_l} + \frac{\partial^3 u_l}{\partial x_i \partial x_j \partial x_k}\right) \tag{3.13}$$

$$\frac{\partial^2 \varepsilon_{lj}}{\partial x_k \partial x_i} = \frac{1}{2}\left(\frac{\partial^3 u_l}{\partial x_i \partial x_j \partial x_k} + \frac{\partial^3 u_j}{\partial x_i \partial x_k \partial x_l}\right) \tag{3.14}$$

$$\frac{\partial^2 \varepsilon_{ki}}{\partial x_l \partial x_j} = \frac{1}{2}\left(\frac{\partial^3 u_k}{\partial x_i \partial x_j \partial x_l} + \frac{\partial^3 u_i}{\partial x_j \partial x_k \partial x_l}\right) \tag{3.15}$$

式 (3.12) と式 (3.13) を加えたあと，そこから式 (3.14) と式 (3.15) を引くと，式からすべての変位が消去され，以下のようなひずみだけの条件式が得られる．

$$\frac{\partial^2 \varepsilon_{ij}}{\partial x_k \partial x_l} + \frac{\partial^2 \varepsilon_{kl}}{\partial x_i \partial x_j} - \frac{\partial^2 \varepsilon_{lj}}{\partial x_k \partial x_i} - \frac{\partial^2 \varepsilon_{ki}}{\partial x_l \partial x_j} = 0 \tag{3.16}$$

本書では深く立ち入らないが，この式は一価連続な変位場 u_i が得られるための必要十分条件となっており，これがひずみの適合条件式である．よって，一価連続な変位場 u_i を得るためには，ひずみテンソルの成分 ε_{ij} が上式で定義される適合条件を満足しなければならない．また，もしひずみテンソルが適合条件式 (3.16) を満足しなかった場合，そのようなひずみを発生する変位は一価連続にならないので，不

適切だ，ということになる．式 (3.16) は一見複雑な式であるが，i, j, k, l に文字をあてはめていくと，もう少しわかりやすい六つの式（うち独立なものは三つ）に変換できる（演習問題 3.1 を参照）．

3.5 ひずみの不変量

ひずみも 2 階テンソルであることから，1.5 節で紹介した，座標変換に対する不変量が存在する．

■**ひずみの第 1 不変量**　式 (1.38) に示すとおり，ひずみの第 1 不変量は，

$$I_1 = \varepsilon_{11} + \varepsilon_{22} + \varepsilon_{33} \tag{3.17}$$

である．これは，垂直ひずみを足し合わせたものである．この量は，変形に伴う微小な領域の体積の拡大率に対応しており，**体積ひずみ**とよばれる．記号としては e を用いて表される．すなわち，

$$e = \varepsilon_{11} + \varepsilon_{22} + \varepsilon_{33} \tag{3.18}$$

である．

■**ひずみの第 2 不変量**　式 (1.39) に示すとおり，ひずみの第 2 不変量は，

$$I_2 = \varepsilon_{22}\varepsilon_{33} + \varepsilon_{33}\varepsilon_{11} + \varepsilon_{11}\varepsilon_{22} - \varepsilon_{23}\varepsilon_{32} - \varepsilon_{12}\varepsilon_{21} - \varepsilon_{13}\varepsilon_{31} \tag{3.19}$$

となる．

■**ひずみの第 3 不変量**　式 (1.40) に示すとおり，ひずみの第 3 不変量は，

$$I_3 = \begin{vmatrix} \varepsilon_{11} & \varepsilon_{12} & \varepsilon_{13} \\ \varepsilon_{21} & \varepsilon_{22} & \varepsilon_{23} \\ \varepsilon_{31} & \varepsilon_{32} & \varepsilon_{33} \end{vmatrix} \tag{3.20}$$

となる．

3.6 主ひずみ・最大せん断ひずみ

ひずみも 2 階のテンソルであることから，応力テンソルにおける主応力（2.4 節）と同様，主ひずみを定義することができる．ひずみテンソルに対し，特性方程式は

$$
\begin{vmatrix}
\varepsilon_{11} - \lambda & \varepsilon_{12} & \varepsilon_{13} \\
\varepsilon_{21} & \varepsilon_{22} - \lambda & \varepsilon_{23} \\
\varepsilon_{31} & \varepsilon_{32} & \varepsilon_{33} - \lambda
\end{vmatrix} = 0 \tag{3.21}
$$

であり，この解を大きいほうから ε_1, ε_2, ε_3 とし，これら三つのひずみテンソルの固有値を**主ひずみ**（principal strain）という．また，これに対応する固有ベクトル $\boldsymbol{n}_1$, $\boldsymbol{n}_2$, $\boldsymbol{n}_3$ を**主ひずみ方向**とよぶ．応力テンソルの場合とまったく同様に，主ひずみ ε_1, ε_2, ε_3 は，座標変換に対して垂直ひずみの極値になっている．このため，ε_1 がひずみ成分をすべての座標系で見たときの最大値，ε_3 が最小値となる．

また，主ひずみ方向から $45°$ だけ傾いた座標系で，せん断ひずみが最大となり（最大せん断ひずみ），その値は $\varepsilon_{12} = -(\varepsilon_1 - \varepsilon_3)/2$ となる．成分を算出する数式は応力テンソルのときと同様であるため，ここでは省略する．

3.7 円柱座標系におけるひずみ

2.6 節で見たように，固体力学の問題では，円柱座標系を用いて議論したほうがよいものも多い．そこでここでは，ひずみの式を円柱座標系を使用したものに置き換える．図 3.6 のようなバウムクーヘン状の物体を考える．このとき，r 軸方向，θ 軸方向，z 軸方向の変位をそれぞれ u_r, u_θ, u_z とする．微小要素の半径方向の垂直ひずみ ε_r と厚さ方向の垂直ひずみ ε_z は直交座標系と変わらないので，

$$
\varepsilon_r = \frac{\partial u_r}{\partial r}, \quad \varepsilon_z = \frac{\partial u_z}{\partial z} \tag{3.22}
$$

である．

次に，θ 軸方向のひずみ成分 ε_θ について考える．着目点に対し，角度 θ 軸方向に局所座標 s をとると，$s = rd\theta$ となるから，

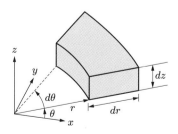

図 3.6 円柱座標系における微小物体

$$\frac{d}{ds} = \frac{d}{d\theta}\frac{d\theta}{ds} = \frac{1}{r}\frac{d}{d\theta} \tag{3.23}$$

となる．θ 軸方向の変位 u_θ の変化に伴うひずみ成分 ε'_θ は，

$$\varepsilon'_\theta = \frac{\partial u_\theta}{\partial s} = \frac{\partial u_\theta}{r\partial\theta} \tag{3.24}$$

である．さらに，半径方向の変位 u_r の変化により生じる円周方向のひずみ成分を考えると，もともと $rd\theta$ の線素が，半径方向変位 u_r により $(r + u_r)d\theta$ となるから，

$$\varepsilon''_\theta = \frac{(r + u_r)d\theta - rd\theta}{rd\theta} = \frac{1}{r}u_r \tag{3.25}$$

となる．結果的に，ε_θ は，ε''_θ と ε'_θ の和となり，

$$\varepsilon_\theta = \frac{u_r}{r} + \frac{\partial u_\theta}{r\partial\theta} \tag{3.26}$$

となる．

r-θ 方向と θ-z 方向のせん断ひずみについては上記と同様の手順で求められ，

$$\gamma_{r\theta} = \frac{\partial u_r}{r\partial\theta} + \frac{\partial u_\theta}{\partial r} - \frac{u_\theta}{r}, \quad \gamma_{\theta z} = \frac{\partial u_z}{r\partial\theta} + \frac{\partial u_\theta}{\partial z} \tag{3.27}$$

となる．z-r 方向のせん断ひずみは直交座標系の場合と変化がなく，

$$\gamma_{zr} = \frac{\partial u_r}{\partial z} + \frac{\partial u_z}{\partial r} \tag{3.28}$$

である．

演習問題

3.1　ひずみの適合条件式

$$\frac{\partial^2 \varepsilon_{ij}}{\partial x_k \partial x_l} + \frac{\partial^2 \varepsilon_{kl}}{\partial x_i \partial x_j} - \frac{\partial^2 \varepsilon_{lj}}{\partial x_k \partial x_i} - \frac{\partial^2 \varepsilon_{ki}}{\partial x_l \partial x_j} = 0$$

について，これを，座標系 O-$x_1 x_2 x_3$ のテンソルひずみの代わりに座標系 O-xyz の工学ひずみを用いて書き換えると，

$$\frac{\partial^2 \varepsilon_x}{\partial y^2} + \frac{\partial^2 \varepsilon_y}{\partial x^2} = \frac{\partial^2 \gamma_{xy}}{\partial x \partial y}$$

$$\frac{\partial^2 \varepsilon_y}{\partial z^2} + \frac{\partial^2 \varepsilon_z}{\partial y^2} = \frac{\partial^2 \gamma_{yz}}{\partial y \partial z}$$

$$\frac{\partial^2 \varepsilon_z}{\partial x^2} + \frac{\partial^2 \varepsilon_x}{\partial z^2} = \frac{\partial^2 \gamma_{zx}}{\partial z \partial x}$$

$$2\frac{\partial^2 \varepsilon_x}{\partial y \partial z} = \frac{\partial}{\partial x}\left(-\frac{\partial \gamma_{yz}}{\partial x} + \frac{\partial \gamma_{zx}}{\partial y} + \frac{\partial \gamma_{xy}}{\partial z}\right)$$

$$2\frac{\partial^2 \varepsilon_y}{\partial z \partial x} = \frac{\partial}{\partial y}\left(\frac{\partial \gamma_{yz}}{\partial x} - \frac{\partial \gamma_{zx}}{\partial y} + \frac{\partial \gamma_{xy}}{\partial z}\right)$$

$$2\frac{\partial^2 \varepsilon_z}{\partial x \partial y} = \frac{\partial}{\partial z}\left(\frac{\partial \gamma_{yz}}{\partial x} + \frac{\partial \gamma_{zx}}{\partial y} - \frac{\partial \gamma_{xy}}{\partial z}\right)$$

という六つの式になることを示せ.

3.2　次式のひずみ成分が実在するために必要な定数 a_1, b_1, c_1 の間の関係を求めよ.

$$\varepsilon_x = a_0 + a_1(x^2 y + xy^2) + a_2 x^3, \quad \varepsilon_y = b_0 + b_1(x^3 + xy^2) + b_2 y^3,$$

$$\gamma_x y = c_0 + c_1 x^2 y, \quad \varepsilon_z = \gamma_{yz} = \gamma_{zx} = 0$$

3.3　次式のひずみ成分が実在するために必要な定数 A, B, C, D, E の間の関係を求めよ.

$$\varepsilon_{11} = Ax_1^2 + Bx_2^2, \quad \varepsilon_{22} = Cx_1^2 + Dx_2^2, \quad \varepsilon_{12} = \frac{1}{2}Ex_1 x_2$$

第4章　線形弾性体の構成式

　前章までに，固体力学において，物体の内部の力学的な状態を記述する**応力**，および物体内部の運動学的な状態（変形状態）を記述する**ひずみ**を導入した．固体において，この応力とひずみを関係づける式を，**構成式**（constitutive equation）という．構成式にはさまざまな種類があり，解析する固体の材料に対して適切なものを選択して用いる．本章では，このうちもっとも基礎的な，線形弾性体（linear elastic body）に対する構成式を学ぶ．これは材料力学で出てくるフックの法則を 3 次元に拡張したものであり，一般化フックの法則ともよばれる．

4.1　一般化フックの法則

4.1.1　テンソルでの表記と成分の対称性

　先述のとおり，構成式とは応力とひずみを関係づけるものである．応力テンソルの成分を σ_{ij}，ひずみテンソルの成分を ε_{ij} としたとき，もっとも単純な関係式は，これらが単純な線形関係にあるとするものである．すなわち，

$$\sigma_{ij} = c_{ijkl}\varepsilon_{kl} \tag{4.1}$$

である．このとき，c_{ijkl} は 2 階のテンソルどうしを結びつける係数であり，**弾性テンソル**とよばれる 4 階のテンソルである[†]．式 (4.1) を**一般化されたフックの法則**，あるいは**一般化フックの法則**（generalized Hooke's law）とよぶ．古典物理学で学ぶ，ばねのフックの法則を，一般に拡張したという意味である．一般化フックの法則は，ひずみと応力の線形関係を仮定している．これは，ひずみが微小な際には，実際の材料挙動のよい近似になっている．

　弾性テンソル c_{ijkl} には $3^4 = 81$ 個の成分があるが，これらすべてが独立であるわけではない．まず，応力テンソルは対称テンソルであったから，式 (4.1) の i, j を入れ替えても成立しなければならない．つまり，

[†] 2 階のテンソルが，ベクトルとの積でベクトルを生じるのと同様，4 階のテンソルは，2 階のテンソルとの積で 2 階のテンソルを生じる．

$$\sigma_{ji} = c_{jikl}\varepsilon_{kl} = \sigma_{ij} = c_{ijkl}\varepsilon_{kl}$$

したがって，$c_{ijkl} = c_{jikl}$ でなければならない（これを対称性 (1) とする）．同様に，ひずみテンソルも対称テンソルであったから，式 (4.1) の k, l を入れ替えても成立しなければならない．したがって，$c_{ijkl} = c_{ijlk}$ なる対称性をもっていなければならない（対称性 (2) とする）．

また，固体の内部に蓄えられる単位体積あたりのひずみエネルギーは

$$\varphi = \frac{1}{2}\sigma_{ij}\varepsilon_{ij} \tag{4.2}$$

で定義され（詳細は 6.2 節で解説する），ここに式 (4.1) を適用すると，

$$\varphi = \frac{1}{2}c_{ijkl}\varepsilon_{ij}\varepsilon_{kl} \tag{4.3}$$

である．これに対して，

$$\frac{\partial}{\partial\varepsilon_{kl}}\left(\frac{\partial\varphi}{\partial\varepsilon_{ij}}\right) = \frac{\partial}{\partial\varepsilon_{ij}}\left(\frac{\partial\varphi}{\partial\varepsilon_{kl}}\right) \tag{4.4}$$

であるから，ij と kl を入れ替えても式 (4.1) が成立しなければならない．したがって，$c_{ijkl} = c_{klij}$ なる対称性をもっていなければならない（対称性 (3) とする）．

以上の対称性をまとめておくと，

$$c_{ijkl} = c_{jikl} = c_{ijlk} = c_{klij} \tag{4.5}$$

ということになる．これらの対称性を c_{ijkl} の 81 個の成分について考慮すると，図 4.1 に示すとおり，弾性テンソルの独立した成分は 21 個になる．

4.1.2 一般化フックの法則の行列表記

一般化フックの法則をテンソル形式で式 (4.1) のように表記する代わりに，弾性テンソルの独立成分が 21 個であることを利用して，以下のような行列表記を用いて表現することもできる．

$$\begin{pmatrix} \sigma_{11} \\ \sigma_{22} \\ \sigma_{33} \\ \sigma_{23} \\ \sigma_{31} \\ \sigma_{12} \end{pmatrix} = \begin{bmatrix} c_{1111} & c_{1122} & c_{1133} & c_{1123} & c_{1113} & c_{1112} \\ & c_{2222} & c_{2233} & c_{2223} & c_{1322} & c_{1222} \\ & & c_{3333} & c_{2333} & c_{1333} & c_{1233} \\ & Sym. & & c_{2323} & c_{1323} & c_{1223} \\ & & & & c_{1313} & c_{1213} \\ & & & & & c_{1212} \end{bmatrix} \begin{pmatrix} \varepsilon_{11} \\ \varepsilon_{22} \\ \varepsilon_{33} \\ 2\varepsilon_{23} \\ 2\varepsilon_{31} \\ 2\varepsilon_{12} \end{pmatrix} \tag{4.6}$$

なお，せん断ひずみに係数 2 がついているのは，ひずみの対称性のためである．上式は，式 (3.9) で定義した工学ひずみを用いて，

$$
\begin{matrix}
c_{1111} & c_{1112} & c_{1113} & c_{1121} & c_{1122} & c_{1123} & c_{1131} & c_{1132} & c_{1133} \\
c_{1211} & c_{1212} & c_{1213} & c_{1221} & c_{1222} & c_{1223} & c_{1231} & c_{1232} & c_{1233} \\
c_{1311} & c_{1312} & c_{1313} & c_{1321} & c_{1322} & c_{1323} & c_{1331} & c_{1332} & c_{1333} \\
c_{2111} & c_{2112} & c_{2113} & c_{2121} & c_{2122} & c_{2123} & c_{2131} & c_{2132} & c_{2133} \\
c_{2211} & c_{2212} & c_{2213} & c_{2221} & c_{2222} & c_{2223} & c_{2231} & c_{2232} & c_{2233} \\
c_{2311} & c_{2312} & c_{2313} & c_{2321} & c_{2322} & c_{2323} & c_{2331} & c_{2332} & c_{2333} \\
c_{3111} & c_{3112} & c_{3113} & c_{3121} & c_{3122} & c_{3123} & c_{3131} & c_{3132} & c_{3133} \\
c_{3211} & c_{3212} & c_{3213} & c_{3221} & c_{3222} & c_{3223} & c_{3231} & c_{3232} & c_{3233} \\
c_{3311} & c_{3312} & c_{3313} & c_{3321} & c_{3322} & c_{3323} & c_{3331} & c_{3332} & c_{3333}
\end{matrix}
$$

（a）81 個の要素

$$
\begin{matrix}
c_{1111} & c_{1112} & c_{1113} & c_{1121} & c_{1122} & c_{1123} & c_{1131} & c_{1132} & c_{1133} \\
c_{1211} & c_{1212} & c_{1213} & c_{1221} & c_{1222} & c_{1223} & c_{1231} & c_{1232} & c_{1233} \\
c_{1311} & c_{1312} & c_{1313} & c_{1321} & c_{1322} & c_{1323} & c_{1331} & c_{1332} & c_{1333} \\
c_{2111} & c_{2112} & c_{2113} & c_{2121} & c_{2122} & c_{2123} & c_{2131} & c_{2132} & c_{2133} \\
c_{2211} & c_{2212} & c_{2213} & c_{2221} & c_{2222} & c_{2223} & c_{2231} & c_{2232} & c_{2233} \\
c_{2311} & c_{2312} & c_{2313} & c_{2321} & c_{2322} & c_{2323} & c_{2331} & c_{2332} & c_{2333} \\
c_{3111} & c_{3112} & c_{3113} & c_{3121} & c_{3122} & c_{3123} & c_{3131} & c_{3132} & c_{3133} \\
c_{3211} & c_{3212} & c_{3213} & c_{3221} & c_{3222} & c_{3223} & c_{3231} & c_{3232} & c_{3233} \\
c_{3311} & c_{3312} & c_{3313} & c_{3321} & c_{3322} & c_{3323} & c_{3331} & c_{3332} & c_{3333}
\end{matrix}
$$

（b）対称性(1)

$$
\begin{matrix}
c_{1111} & c_{1112} & c_{1113} & c_{1121} & c_{1122} & c_{1123} & c_{1131} & c_{1132} & c_{1133} \\
c_{1211} & c_{1212} & c_{1213} & c_{1221} & c_{1222} & c_{1223} & c_{1231} & c_{1232} & c_{1233} \\
c_{1311} & c_{1312} & c_{1313} & c_{1321} & c_{1322} & c_{1323} & c_{1331} & c_{1332} & c_{1333} \\
c_{2111} & c_{2112} & c_{2113} & c_{2121} & c_{2122} & c_{2123} & c_{2131} & c_{2132} & c_{2133} \\
c_{2211} & c_{2212} & c_{2213} & c_{2221} & c_{2222} & c_{2223} & c_{2231} & c_{2232} & c_{2233} \\
c_{2311} & c_{2312} & c_{2313} & c_{2321} & c_{2322} & c_{2323} & c_{2331} & c_{2332} & c_{2333} \\
c_{3111} & c_{3112} & c_{3113} & c_{3121} & c_{3122} & c_{3123} & c_{3131} & c_{3132} & c_{3133} \\
c_{3211} & c_{3212} & c_{3213} & c_{3221} & c_{3222} & c_{3223} & c_{3231} & c_{3232} & c_{3233} \\
c_{3311} & c_{3312} & c_{3313} & c_{3321} & c_{3322} & c_{3323} & c_{3331} & c_{3332} & c_{3333}
\end{matrix}
$$

（c）対称性(2)

$$
\begin{matrix}
c_{1111} & c_{1112} & c_{1113} & c_{1121} & c_{1122} & c_{1123} & c_{1131} & c_{1132} & c_{1133} \\
c_{1211} & c_{1212} & c_{1213} & c_{1221} & c_{1222} & c_{1223} & c_{1231} & c_{1232} & c_{1233} \\
c_{1311} & c_{1312} & c_{1313} & c_{1321} & c_{1322} & c_{1323} & c_{1331} & c_{1332} & c_{1333} \\
c_{2111} & c_{2112} & c_{2113} & c_{2121} & c_{2122} & c_{2123} & c_{2131} & c_{2132} & c_{2133} \\
c_{2211} & c_{2212} & c_{2213} & c_{2221} & c_{2222} & c_{2223} & c_{2231} & c_{2232} & c_{2233} \\
c_{2311} & c_{2312} & c_{2313} & c_{2321} & c_{2322} & c_{2323} & c_{2331} & c_{2332} & c_{2333} \\
c_{3111} & c_{3112} & c_{3113} & c_{3121} & c_{3122} & c_{3123} & c_{3131} & c_{3132} & c_{3133} \\
c_{3211} & c_{3212} & c_{3213} & c_{3221} & c_{3222} & c_{3223} & c_{3231} & c_{3232} & c_{3233} \\
c_{3311} & c_{3312} & c_{3313} & c_{3321} & c_{3322} & c_{3323} & c_{3331} & c_{3332} & c_{3333}
\end{matrix}
$$

（d）対称性(3)

$$
\begin{matrix}
c_{1111} & c_{1112} & c_{1113} & c_{1121} & c_{1122} & c_{1123} & c_{1131} & c_{1132} & c_{1133} \\
c_{1211} & c_{1212} & c_{1213} & c_{1221} & c_{1222} & c_{1223} & c_{1231} & c_{1232} & c_{1233} \\
c_{1311} & c_{1312} & c_{1313} & c_{1321} & c_{1322} & c_{1323} & c_{1331} & c_{1332} & c_{1333} \\
c_{2111} & c_{2112} & c_{2113} & c_{2121} & c_{2122} & c_{2123} & c_{2131} & c_{2132} & c_{2133} \\
c_{2211} & c_{2212} & c_{2213} & c_{2221} & c_{2222} & c_{2223} & c_{2231} & c_{2232} & c_{2233} \\
c_{2311} & c_{2312} & c_{2313} & c_{2321} & c_{2322} & c_{2323} & c_{2331} & c_{2332} & c_{2333} \\
c_{3111} & c_{3112} & c_{3113} & c_{3121} & c_{3122} & c_{3123} & c_{3131} & c_{3132} & c_{3133} \\
c_{3211} & c_{3212} & c_{3213} & c_{3221} & c_{3222} & c_{3223} & c_{3231} & c_{3232} & c_{3233} \\
c_{3311} & c_{3312} & c_{3313} & c_{3321} & c_{3322} & c_{3323} & c_{3331} & c_{3332} & c_{3333}
\end{matrix}
$$

（e）すべての対称性を考慮

図 4.1　弾性テンソルの対称性．81 個の要素を並べたもの (a) から，対称性 (1), (2), (3) をそれぞれ考慮し，残った独立成分を (e) に図示した．灰色ハッチングの部分は，対称性のために独立でない成分である．

$$\begin{pmatrix} \sigma_x \\ \sigma_y \\ \sigma_z \\ \tau_{yz} \\ \tau_{zx} \\ \tau_{xy} \end{pmatrix} = \begin{bmatrix} C_{11} & C_{12} & C_{13} & C_{14} & C_{15} & C_{16} \\ & C_{22} & C_{23} & C_{24} & C_{25} & C_{26} \\ & & C_{33} & C_{34} & C_{35} & C_{36} \\ & Sym. & & C_{44} & C_{45} & C_{46} \\ & & & & C_{55} & C_{56} \\ & & & & & C_{66} \end{bmatrix} \begin{pmatrix} \varepsilon_x \\ \varepsilon_y \\ \varepsilon_z \\ \gamma_{yz} \\ \gamma_{zx} \\ \gamma_{xy} \end{pmatrix} \tag{4.7}$$

と書くこともできる．ここで，式 (4.7) の係数行列を**弾性スティフネス**行列といい，弾性テンソル c_{ijkl} の添字と弾性スティフネス行列の成分 C_{ij} の添字には以下の関係がある．

$$\left. \begin{array}{lll} 11 \to 1, & 22 \to 2, & 33 \to 3 \\ 23 = 32 \to 4, & 13 = 31 \to 5, & 12 = 21 \to 6 \end{array} \right\} \tag{4.8}$$

式 (4.7) が式 (4.1) と同じ式になっていることを各自確認してほしい．このように，応力・ひずみを 6 行 1 列の行列，弾性テンソルを 6 行 6 列の行列で書き表す表記方法を**フォークト**（Voigt）**表記**という．また，弾性スティフネス行列の逆行列をとると，

$$\begin{pmatrix} \varepsilon_x \\ \varepsilon_y \\ \varepsilon_z \\ \gamma_{yz} \\ \gamma_{zx} \\ \gamma_{xy} \end{pmatrix} = \begin{bmatrix} S_{11} & S_{12} & S_{13} & S_{14} & S_{15} & S_{16} \\ & S_{22} & S_{23} & S_{24} & S_{25} & S_{26} \\ & & S_{33} & S_{34} & S_{35} & S_{36} \\ & Sym. & & S_{44} & S_{45} & S_{46} \\ & & & & S_{55} & S_{56} \\ & & & & & S_{66} \end{bmatrix} \begin{pmatrix} \sigma_x \\ \sigma_y \\ \sigma_z \\ \tau_{yz} \\ \tau_{zx} \\ \tau_{xy} \end{pmatrix} \tag{4.9}$$

と表すこともできる．ここで，式 (4.9) の係数行列を**弾性コンプライアンス**行列という[†]．

4.2　材料の対称性と弾性スティフネス行列の独立成分

　前節では，応力とひずみを結びつける弾性構成式について説明し，一般には 21 個の独立な成分があることを述べた．これは，ある固体の完全な弾性構成式の作成のためには 21 個の定数（これを弾性定数という）が必要だということを意味している．しかし，通常の材料には対称性があるため，このように多数の弾性定数が必

[†]　なお，慣例として弾性スティフネス（stiffness）を C，弾性コンプライアンス（compliance）を S で表記していることに気づくであろう．これらの記号は，本来逆であるべきだと思うが，なぜこのような表記が一般的になったのかはよくわからない．

要なわけではない．本節では，材料のもつ対称性を利用して，独立な弾性定数を減らす方法について述べる．

4.2.1　材料がある軸に対して 2 次の対称性をもつ場合

材料をある軸に対して $360/n^\circ$ 回転させても同一の材料とみなせるとき，その軸を n 次の対称軸という．図 4.2 に示すように，材料がある軸（ここでは z 軸）に対して 2 次の対称（180° 回転させても同じ材料とみなせる）になっている場合を考える．この場合，図中に示したように，座標系 O-xyz から見た際の材料と，座標系 O-xyz を z 軸まわりに 180° 回転させた座標系 O′-$x'y'z'$ から見たときの材料がまったく同じになる．したがって，この二つの座標系から見た際の弾性スティフネス行列は，まったく同じになっていなければならない．まず，O′-$x'y'z'$ から見ると以下のようになる．

$$
\begin{pmatrix}
\sigma'_x \\
\sigma'_y \\
\sigma'_z \\
\tau'_{yz} \\
\tau'_{zx} \\
\tau'_{xy}
\end{pmatrix}
=
\begin{bmatrix}
C_{11} & C_{12} & C_{13} & C_{14} & C_{15} & C_{16} \\
 & C_{22} & C_{23} & C_{24} & C_{25} & C_{26} \\
 & & C_{33} & C_{34} & C_{35} & C_{36} \\
 & Sym. & & C_{44} & C_{45} & C_{46} \\
 & & & & C_{55} & C_{56} \\
 & & & & & C_{66}
\end{bmatrix}
\begin{pmatrix}
\varepsilon'_x \\
\varepsilon'_y \\
\varepsilon'_z \\
\gamma'_{yz} \\
\gamma'_{zx} \\
\gamma'_{xy}
\end{pmatrix}
\tag{4.10}
$$

一方，座標系 O-xyz から座標系 O-$x'y'z'$ へ座標系を変換する際の方向余弦テンソルは，以下のようになる．

$$
\boldsymbol{R} =
\begin{bmatrix}
\cos(-180^\circ) & \cos(-90^\circ) & 0 \\
\cos(90^\circ) & \cos(180^\circ) & 0 \\
0 & 0 & 1
\end{bmatrix}
=
\begin{bmatrix}
-1 & 0 & 0 \\
0 & -1 & 0 \\
0 & 0 & 1
\end{bmatrix}
$$

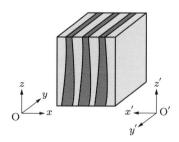

図 4.2　z 軸に対して 2 次の対称性をもつ材料の例．座標系 O′-$x'y'z'$ から見ても，座標系 O-xyz で見たときと同じ弾性スティフネス行列になっていなければならない．

2階テンソルの座標変換則（式 (1.37)）を考慮すると，この場合の座標系 O-xyz で見た応力成分，ひずみ成分と座標系 O′-$x'y'z'$ で見た応力成分，ひずみ成分の関係は，

$$
\begin{bmatrix} \sigma'_x & \tau'_{xy} & \tau'_{zx} \\ \tau'_{xy} & \sigma'_y & \tau'_{yz} \\ \tau'_{zx} & \tau'_{yz} & \sigma'_z \end{bmatrix} = \begin{bmatrix} -1 & 0 & 0 \\ 0 & -1 & 0 \\ 0 & 0 & 1 \end{bmatrix} \begin{bmatrix} \sigma_x & \tau_{xy} & \tau_{zx} \\ \tau_{xy} & \sigma_y & \tau_{yz} \\ \tau_{zx} & \tau_{yz} & \sigma_z \end{bmatrix} \begin{bmatrix} -1 & 0 & 0 \\ 0 & -1 & 0 \\ 0 & 0 & 1 \end{bmatrix}
$$

$$
= \begin{bmatrix} \sigma_x & \tau_{xy} & -\tau_{zx} \\ \tau_{xy} & \sigma_y & -\tau_{yz} \\ -\tau_{zx} & -\tau_{yz} & \sigma_z \end{bmatrix}
$$

および，

$$
\begin{bmatrix} \varepsilon'_x & \gamma'_{xy}/2 & \gamma'_{zx}/2 \\ \gamma'_{xy}/2 & \varepsilon'_y & \gamma'_{yz}/2 \\ \gamma'_{zx}/2 & \gamma'_{yz}/2 & \varepsilon'_z \end{bmatrix}
$$

$$
= \begin{bmatrix} -1 & 0 & 0 \\ 0 & -1 & 0 \\ 0 & 0 & 1 \end{bmatrix} \begin{bmatrix} \varepsilon_x & \gamma_{xy}/2 & \gamma_{zx}/2 \\ \gamma_{xy}/2 & \varepsilon_y & \gamma_{yz}/2 \\ \gamma_{zx}/2 & \gamma_{yz}/2 & \varepsilon_z \end{bmatrix} \begin{bmatrix} -1 & 0 & 0 \\ 0 & -1 & 0 \\ 0 & 0 & 1 \end{bmatrix}
$$

$$
= \begin{bmatrix} \varepsilon_x & \gamma_{xy}/2 & -\gamma_{zx}/2 \\ \gamma_{xy}/2 & \varepsilon_y & -\gamma_{yz}/2 \\ -\gamma_{zx}/2 & -\gamma_{yz}/2 & \varepsilon_z \end{bmatrix}
$$

となる．よって，

$$
\sigma'_x = \sigma_x, \quad \sigma'_y = \sigma_y, \quad \sigma'_z = \sigma_z, \quad \tau'_{yz} = -\tau_{yz}, \quad \tau'_{zx} = -\tau_{zx}, \quad \tau'_{xy} = \tau_{xy} \tag{4.11}
$$

$$
\varepsilon'_x = \varepsilon_x, \quad \varepsilon'_y = \varepsilon_y, \quad \varepsilon'_z = \varepsilon_z, \quad \gamma'_{yz} = -\gamma_{yz}, \quad \gamma'_{zx} = -\gamma_{zx}, \quad \gamma'_{xy} = \gamma_{xy} \tag{4.12}
$$

となり，これを式 (4.10) に代入して座標系 O-xyz に対する成分に関する式に書き換えると，

$$
\begin{pmatrix} \sigma_x \\ \sigma_y \\ \sigma_z \\ \tau_{yz} \\ \tau_{zx} \\ \tau_{xy} \end{pmatrix} = \begin{bmatrix} C_{11} & C_{12} & C_{13} & -C_{14} & -C_{15} & C_{16} \\ & C_{22} & C_{23} & -C_{24} & -C_{25} & C_{26} \\ & & C_{33} & -C_{34} & -C_{35} & C_{36} \\ & Sym. & & C_{44} & C_{45} & -C_{46} \\ & & & & C_{55} & -C_{56} \\ & & & & & C_{66} \end{bmatrix} \begin{pmatrix} \varepsilon_x \\ \varepsilon_y \\ \varepsilon_z \\ \gamma_{yz} \\ \gamma_{zx} \\ \gamma_{xy} \end{pmatrix} \tag{4.13}
$$

となることがわかる．材料の対称性から，座標系 O-xyz と座標系 O-$x'y'z'$ で，弾性スティフネス行列は同じになっていなければならないから，式 (4.10) と式 (4.13) がまったく同じになっていなければならない．この条件を満たすためには，

$$C_{14} = C_{24} = C_{34} = C_{15} = C_{25} = C_{35} = C_{46} = C_{56} = 0 \tag{4.14}$$

でなければならない．したがって，このように材料が z 軸に対して2次の対称性をもつ場合の弾性スティフネス行列は，

$$\begin{bmatrix} C_{11} & C_{12} & C_{13} & 0 & 0 & C_{16} \\ & C_{22} & C_{23} & 0 & 0 & C_{26} \\ & & C_{33} & 0 & 0 & C_{36} \\ & Sym. & & C_{44} & C_{45} & 0 \\ & & & & C_{55} & 0 \\ & & & & & C_{66} \end{bmatrix} \tag{4.15}$$

となる．このとき，独立な弾性定数は 13 個となっている．

4.2.2 材料が三つの軸に対して2次の対称性をもつ場合（直交異方性）

前項では z 軸に対して材料が2次の対称性をもつ場合について述べたが，x 軸，y 軸に対しても同様の対称性をもつ材料の場合を考えてみよう（図4.3）．このときは，式 (4.15) を他の二つの軸に対しても考慮すればよいから，

$$\begin{bmatrix} C_{11} & C_{12} & C_{13} & 0 & 0 & 0 \\ & C_{22} & C_{23} & 0 & 0 & 0 \\ & & C_{33} & 0 & 0 & 0 \\ & Sym. & & C_{44} & 0 & 0 \\ & & & & C_{55} & 0 \\ & & & & & C_{66} \end{bmatrix} \tag{4.16}$$

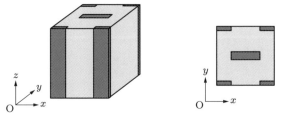

図 4.3 x 軸，y 軸，z 軸に対し2次の対称性をもつ材料の例（直交異方性）

となる．このとき，独立な弾性定数は 9 個となっている．このように，x, y, z の三つの軸に対して対称性をもつ材料を，**直交異方性**の材料とよぶ．

4.2.3　材料が二つの軸方向に同じ構造をもつ場合

前項の条件に加え，たとえば x 軸方向と y 軸方向に材料の構造が同様である場合を考える（図 4.4）．この場合は，x 軸方向と y 軸方向に関連する弾性スティフネス行列の成分が同一になることから，式 (4.16) の成分のうち，

$$C_{11} = C_{22}, \quad C_{13} = C_{23}, \quad C_{44} = C_{55} \tag{4.17}$$

とすればよいことになる．したがって，弾性スティフネス行列は，

$$
\begin{bmatrix}
C_{11} & C_{12} & C_{13} & 0 & 0 & 0 \\
 & C_{11} & C_{13} & 0 & 0 & 0 \\
 & & C_{33} & 0 & 0 & 0 \\
 & Sym. & & C_{44} & 0 & 0 \\
 & & & & C_{44} & 0 \\
 & & & & & C_{66}
\end{bmatrix}
\tag{4.18}
$$

となり，独立な弾性定数は 6 個となる．

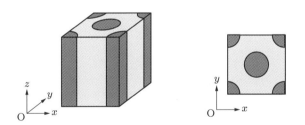

図 4.4　x 軸方向，y 軸方向に同様な構造をもつ直交異方性材料の例

4.2.4　材料がある面内で等方的な場合（横等方性）

図 4.5 に示すような六方配列の形の構造の場合，面内（この図の場合は O-xy 面内）について材料特性が等方的になることが知られている．つまり，前項で示したような x 軸方向，y 軸方向のみならず，面内のどの方向に対しても同じ材料特性を示す．これを横等方性とよんでいる．この場合，前項で示した式 (4.18) に加え，弾性スティフネス行列のせん断成分 C_{66} と，垂直方向成分 C_{11}, C_{12} の間に，以下で論じるような関係がある．

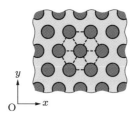

図 4.5　O-xy 面内で等方的な材料の例（横等方性）

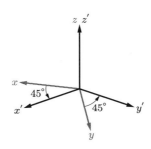

図 4.6　座標系 O-xyz と，それを z 軸まわりに
45° 回転させた座標系 O-$x'y'z'$

　まず，座標系 O-xyz を z 軸まわりに 45° だけ回転させた座標系 O-$x'y'z'$ を考える（図 4.6）．この場合，テンソルの座標変換の公式 (1.37) から，

$$\gamma'_{xy} = 2\varepsilon'_{12} = -\varepsilon_{11} + \varepsilon_{22} = -\varepsilon_x + \varepsilon_y$$
$$\tau'_{xy} = \sigma'_{12} = \frac{1}{2}(-\sigma_{11} + \sigma_{22}) = \frac{1}{2}(-\sigma_x + \sigma_y) \tag{4.19}$$

となる．ここで，ここで，式 (4.18) から，

$$\sigma_x = C_{11}\varepsilon_x + C_{12}\varepsilon_y + C_{13}\varepsilon_z$$
$$\sigma_y = C_{12}\varepsilon_x + C_{11}\varepsilon_y + C_{13}\varepsilon_z \tag{4.20}$$

となる．これを式 (4.19) の第 2 式に代入して，

$$\tau'_{xy} = -\frac{1}{2}(C_{11} - C_{12})\varepsilon_x + \frac{1}{2}(C_{11} - C_{12})\varepsilon_y \tag{4.21}$$

となる．一方，面内で等方的であるということは，座標を z 軸まわりにどのように回転させても弾性スティフネス行列の成分は変化しないことを意味するから，

$$\tau'_{xy} = C_{66}\gamma'_{xy} \tag{4.22}$$

となる．これに式 (4.19) の第 1 式を代入すれば，

$$\tau'_{xy} = C_{66}(-\varepsilon_x + \varepsilon_y) \tag{4.23}$$

となるので，C_{11}, C_{12}, C_{66} の間には

$$C_{66} = \frac{C_{11} - C_{12}}{2} \tag{4.24}$$

なる関係が存在することがわかる．これをまとめて弾性スティフネス行列を書くと，

$$\begin{bmatrix} C_{11} & C_{12} & C_{13} & 0 & 0 & 0 \\ & C_{11} & C_{13} & 0 & 0 & 0 \\ & & C_{33} & 0 & 0 & 0 \\ & Sym. & & C_{44} & 0 & 0 \\ & & & & C_{44} & 0 \\ & & & & & (C_{11} - C_{12})/2 \end{bmatrix} \tag{4.25}$$

となる．このように，横等方性の場合は，独立な弾性定数は 5 個となる．

なお，最近，航空宇宙分野を中心として飛躍的に適用が進んでいる**繊維強化複合材料**のうち，一方向に繊維を配向した一方向材は，このような横等方性の材料特性をもっている．この場合，図 4.5 の紙面垂直方向（z 軸方向）が繊維の配向方向になる．

4.2.5 材料が等方的な場合（均質等方性）

次に，材料がどの方向から見ても同様である場合（**等方性**をもつ場合）を考えてみよう．この場合，まず式 (4.16) で x 軸，y 軸，z 軸を入れ替えても弾性スティフネス行列は同じでなければならないから，

$$C_{11} = C_{22} = C_{33}, \quad C_{12} = C_{13} = C_{23}, \quad C_{44} = C_{55} = C_{66} \tag{4.26}$$

となる．すなわち，弾性構成式は

$$\begin{pmatrix} \sigma_x \\ \sigma_y \\ \sigma_z \\ \tau_{yz} \\ \tau_{zx} \\ \tau_{xy} \end{pmatrix} = \begin{bmatrix} C_{11} & C_{12} & C_{12} & 0 & 0 & 0 \\ & C_{11} & C_{12} & 0 & 0 & 0 \\ & & C_{11} & 0 & 0 & 0 \\ & Sym. & & C_{44} & 0 & 0 \\ & & & & C_{44} & 0 \\ & & & & & C_{44} \end{bmatrix} \begin{pmatrix} \varepsilon_x \\ \varepsilon_y \\ \varepsilon_z \\ \gamma_{yz} \\ \gamma_{zx} \\ \gamma_{xy} \end{pmatrix} \tag{4.27}$$

と書くことができる．さらに，等方的であることから，式 (4.24) も成立する．以上から，弾性スティフネス行列は，

$$
\begin{bmatrix}
C_{11} & C_{12} & C_{12} & 0 & 0 & 0 \\
 & C_{11} & C_{12} & 0 & 0 & 0 \\
 & & C_{11} & 0 & 0 & 0 \\
 & Sym. & & (C_{11}-C_{12})/2 & 0 & 0 \\
 & & & & (C_{11}-C_{12})/2 & 0 \\
 & & & & & (C_{11}-C_{12})/2
\end{bmatrix}
\tag{4.28}
$$

ということになる．この場合，独立な弾性定数は2個である．先述のとおり，弾性テンソルは4階のテンソルであり81個の成分をもつが，対称性を考慮することによって，均質等方性の材料については，わずか2個の弾性定数でこの81個の成分を表せることになる．一般的な金属材料のように，巨視的に見た際に等方性の高い材料の場合は，ひずみが小さい範囲（塑性変形を考えなくてよい範囲）では，このような均質等方性の弾性体の構成式を用いる．

4.3　弾性定数の表現方法とヤング率，ポアソン比

4.3.1　ラメの定数

4.2.5項で述べた，均質等方性の構成式に用いる二つの独立な弾性定数を表す実用的な方法には，2種類ある．一つはラメ（Lamé）の定数とよばれるもので，

$$
C_{12} = \lambda, \quad C_{44} = \frac{C_{11}-C_{12}}{2} = \mu
\tag{4.29}
$$

とおいたものである．このとき，均質弾性体の弾性スティフネス行列は，

$$
\begin{bmatrix}
\lambda+2\mu & \lambda & \lambda & 0 & 0 & 0 \\
 & \lambda+2\mu & \lambda & 0 & 0 & 0 \\
 & & \lambda+2\mu & 0 & 0 & 0 \\
 & Sym. & & \mu & 0 & 0 \\
 & & & & \mu & 0 \\
 & & & & & \mu
\end{bmatrix}
\tag{4.30}
$$

と書くことができる．このときの定数 λ, μ を**ラメの定数**という．ラメの定数を用いると，一般化フックの法則をテンソル形式で

$$
\sigma_{ij} = \lambda\delta_{ij}\varepsilon_{kk} + 2\mu\varepsilon_{ij} = \lambda\delta_{ij}e + 2\mu\varepsilon_{ij}
\tag{4.31}
$$

と一つの式ですっきりと書くことができ，数式的に扱いやすいため，式展開などで
よく使用される．なお，式 (4.31) 内の e は，3.5 節で導入した体積ひずみである．

4.3.2 ヤング率とポアソン比

弾性定数を表すもう一つの方法として，ヤング率（Young's modulus）E とポ
アソン比（Poisson's ratio）ν を用いる方法がある．これらの弾性定数のことを実
用弾性定数とよぶ．ヤング率とポアソン比は，弾性スティフネス行列 (4.28) の逆行
列である弾性コンプライアンス行列を

$$
\begin{bmatrix}
S_{11} & S_{12} & S_{12} & 0 & 0 & 0 \\
 & S_{11} & S_{12} & 0 & 0 & 0 \\
 & & S_{11} & 0 & 0 & 0 \\
 & Sym. & & 2(S_{11}-S_{12}) & 0 & 0 \\
 & & & & 2(S_{11}-S_{12}) & 0 \\
 & & & & & 2(S_{11}-S_{12})
\end{bmatrix}
\tag{4.32}
$$

としたとき，

$$
E = \frac{1}{S_{11}}, \quad \nu = -\frac{S_{12}}{S_{11}}
\tag{4.33}
$$

とおいたものである．なお，せん断弾性率（shear modulus）を $G = 1/S_{44} = 1/S_{55} = 1/S_{66}$ で定義するが，これと式 (4.32), (4.33) から，

$$
G = \frac{E}{2(1+\nu)}
\tag{4.34}
$$

という関係がある．

ヤング率とポアソン比については，読者も材料力学でなじみがあるであろう．ヤ
ング率とポアソン比は測定が比較的簡単なため，実用的にはたいへん便利であり，
よく用いられる．ヤング率とポアソン比を用いると，一般化フックの法則は，

$$
\begin{pmatrix}
\varepsilon_x \\
\varepsilon_y \\
\varepsilon_z \\
\gamma_{yz} \\
\gamma_{zx} \\
\gamma_{xy}
\end{pmatrix}
=
\begin{bmatrix}
1/E & -\nu/E & -\nu/E & 0 & 0 & 0 \\
-\nu/E & 1/E & -\nu/E & 0 & 0 & 0 \\
-\nu/E & -\nu/E & 1/E & 0 & 0 & 0 \\
0 & 0 & 0 & 2(1+\nu)/E & 0 & 0 \\
0 & 0 & 0 & 0 & 2(1+\nu)/E & 0 \\
0 & 0 & 0 & 0 & 0 & 2(1+\nu)/E
\end{bmatrix}
\begin{pmatrix}
\sigma_x \\
\sigma_y \\
\sigma_z \\
\tau_{yz} \\
\tau_{zx} \\
\tau_{xy}
\end{pmatrix}
\tag{4.35}
$$

と表すことができる．

[注意] 材料力学において

$$\sigma_x = E\varepsilon_x \tag{4.36}$$

などと，ひずみの成分と応力の成分を，実用弾性定数を使って一対一で対応づける場合がある．しかし，3 次元の一般的な物体を扱う固体力学では，**ある方向の応力の成分を，その方向のひずみの成分のみから算出することは必ずしもできない**ことに注意されたい．たとえば，応力の x 軸方向成分 σ_x は，$\varepsilon_x, \varepsilon_y, \varepsilon_z$ の応力の三つの成分と関係している．この点はくれぐれも注意してほしい．

では，実際にヤング率やポアソン比を測定するにはどうすればよいだろうか．ここで，図 4.7 のような一様引張試験を考えてみよう．試験片に負荷されている荷重（試験機の荷重センサ（ロードセル）から得ることができる）を F，試験片の中央部付近の断面積を A とする．引張方向を x 軸方向に等しいと考えると，このときに試験片にかかっている応力は，

$$\sigma_x = \frac{F}{A}, \quad \sigma_y = \sigma_z = \tau_{yz} = \tau_{zx} = \tau_{xy} = 0 \tag{4.37}$$

となる．このとき，引張方向（縦方向）のひずみゲージの測定値を ε_x，引張方向と直交方向（横方向）に貼られたひずみゲージの測定値を ε_y として，式 (4.35) に式 (4.37) を代入すると，

$$\varepsilon_x = \frac{F}{AE}, \quad \varepsilon_y = -\frac{F\nu}{AE} \tag{4.38}$$

となる．したがって，

$$E = \frac{F}{A\varepsilon_x}, \quad \nu = -\frac{\varepsilon_y}{\varepsilon_x} \tag{4.39}$$

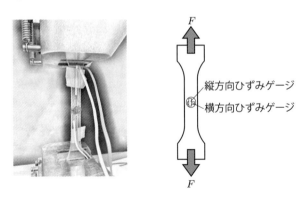

縦方向ひずみゲージ
横方向ひずみゲージ

図 4.7 引張試験の例．この例では 2 軸型のひずみゲージを試験片中心に貼付している．

と簡単に求めることができる．このように，実用弾性定数は非常に簡単に求められ
るため，固体力学でもよく用いられている．

4.3.3 横等方性の材料に対する実用弾性定数

4.2.4 項で述べたとおり，繊維強化複合材料の一方向強化材のような横等方性の
材料については，独立な弾性定数が 5 個存在する．この弾性定数を表す方法とし
て，実用的には均質等方性弾性体と類似した方法が採られることが多い．すなわち，
式 (4.25) の逆行列である弾性コンプライアンス行列を

$$
\begin{bmatrix}
S_{11} & S_{12} & S_{13} & 0 & 0 & 0 \\
 & S_{11} & S_{13} & 0 & 0 & 0 \\
 & & S_{33} & 0 & 0 & 0 \\
 & Sym. & & S_{44} & 0 & 0 \\
 & & & & S_{44} & 0 \\
 & & & & & 2(S_{11}-S_{12})
\end{bmatrix}
\tag{4.40}
$$

としたとき，

$$
E_T = \frac{1}{S_{11}}, \quad E_L = \frac{1}{S_{33}}, \quad \nu_{TT} = -\frac{S_{12}}{S_{11}}, \quad \nu_{LT} = -\frac{S_{13}}{S_{33}}, \quad G_{LT} = \frac{1}{S_{44}}
\tag{4.41}
$$

とおくものである．これにより，弾性定数 E_L, E_T, ν_{LT}, ν_{TT}, G_{LT} の五つを用い
て，横等方性の弾性コンプライアンス行列は以下のようになる．

$$
\begin{bmatrix}
1/E_T & -\nu_{TT}/E_T & -\nu_{LT}/E_L & 0 & 0 & 0 \\
 & 1/E_T & -\nu_{LT}/E_L & 0 & 0 & 0 \\
 & & 1/E_L & 0 & 0 & 0 \\
 & Sym. & & 1/G_{LT} & 0 & 0 \\
 & & & & 1/G_{LT} & 0 \\
 & & & & & 2(1+\nu_{TT})/E_T
\end{bmatrix}
\tag{4.42}
$$

また，弾性スティフネス行列は，この逆行列をとればよい．なお，ν_{LT} と ν_{TL} は同
じ値にはならないので注意してほしい．ただし，これら二つの値は独立ではなく，
二つの間には $\nu_{LT}/E_T = \nu_{TL}/E_L$ という関係がある．繊維強化複合材料一方向材
では，添字 L が繊維方向の値を，添字 T がそれと直交する方向を表す．

　これらの実用弾性定数を実験的に取得する際には，たとえば，繊維に沿った方向
を長手方向とする試験片と，繊維と直交方向を長手方向とする試験片，および 45°

方向を長手方向とする試験片を準備する．これらに対して図 4.7 に示すのと同様な引張試験を実施して，$E_L, E_T, \nu_{LT}, G_{LT}$ を得る．なお，ν_{TT} を実験的に求めるには非常に分厚い試験片を用意する必要があるなど，実験の難易度が高くなるため，推定された値を用いることも多い．

演習問題

4.1 ヤング率 $E = 72$ [GPa]，ポアソン比 $\nu = 0.33$ なる均質等方性弾性体の材料について，弾性スティフネス行列，弾性コンプライアンス行列，ラメの定数を求めよ．なお，これらの値は，おおよそアルミニウム合金 A7075（いわゆる超々ジュラルミン）の材料特性に相当する．

4.2 繊維強化複合材料一方向材について，繊維方向の弾性率 $E_L = 135$ [GPa]，繊維直交方向の弾性率 $E_T = 8.5$ [GPa]，ポアソン比 $\nu_{LT} = 0.34$，$\nu_{TT} = 0.49$，せん断弾性率 $G_{LT} = 4.5$ [GPa] であったとする．このとき，弾性スティフネス行列，弾性コンプライアンス行列を求めよ．なお，これらの値は，おおよそスポーツ用などに使用される高強度炭素繊維強化プラスティックの材料特性に相当する．

第**5**章

固体力学における 境界値問題の考え方

5.1 境界条件と固体力学の問題設定の整理

本書ではここまで，応力，ひずみ，および構成式について説明してきた．本節ではこれらの概念をまとめて，固体力学では，結局どのような問題を解くことになるのかを整理してみよう．

応力テンソルの各成分の間では，平衡方程式 (2.38) がつねに成立していなければならない．これは，質点系の力学におけるニュートン（Newton）の運動方程式にあたるものであるから，3 次元の固体中のどの点，どの瞬間においても必ず成立していなければならない．すなわち，平衡方程式は固体力学を考えるうえでの**支配方程式**になっている．また，これまで学んできたとおり，荷重と応力の間にはコーシーの公式 (2.9) が，応力とひずみの間には構成式（たとえば式 (4.31)）が，ひずみと変位の間にはひずみの定義式 (3.8) が成立する．したがって，「3 次元の固体力学の問題を解く」ということは，**与えられた境界条件のもとで，応力の平衡方程式を満たす応力場・あるいは変位場を求める**ことに帰着する．では，固体に課される境界条件としてはどのようなものが考えられるだろうか．

ここで，図 5.1 に示されるような固体を考えてみよう．この固体は領域 Ω を占めており，その境界を Γ とする．また，各点には体積力 $\bar{b}_i$ が作用しているものとする．ここでは静的な問題を扱うものとし，速度，加速度は領域 Ω のいたるところで **0** であるとする．

このとき，境界 Γ_1 における境界条件として，表面力 $\bar{t}_i$ が与えられているものとしよう．表面力とは，境界の単位面積あたりに作用する力のベクトルを意味している．航空機構造でいえば，たとえば主翼構造にかかる空力荷重といったような，固体の外部から接触を介して力が与えられる場合などに相当する．このとき，この境界における法線ベクトル成分を n_i，境界における応力テンソル成分を σ_{ij} とすると，コーシーの公式 (2.9) から，境界における応力ベクトルの成分は，

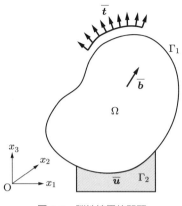

図 5.1　弾性境界値問題

$$t_i = \sigma_{ij}n_j \tag{5.1}$$

と表される．応力ベクトルは，「ある表面における単位面積あたりの力」であった．
このため，境界条件を満足するためには，

$$t_i = \bar{t}_i \tag{5.2}$$

でなければならない．表面力の添字 'i' は力の方向（x_1, x_2, x_3 軸方向）を表す．
このような，表面力が与えられているような境界条件を，**荷重境界条件**という．

　また，境界 Γ_2（$\Gamma - \Gamma_1$）上の境界条件として，変位 $\bar{u}_i$ が与えられているものと
する．このような境界条件を**変位境界条件**という．なお，一般に，物体の表面には
荷重境界条件か変位境界条件のどちらかが与えられる．まったく何の外力も与えら
れていない表面には，一見何の境界条件も与えられていないように見えるが，この
ような表面には**表面力が 0**，すなわち $\bar{t}_i = 0$ なる荷重境界条件が与えられていると
考えるのである．

　さて，これまでに見てきた固体力学の問題の構造をまとめると，図 5.2 のように
なる．3 次元の固体力学の問題を解く，というのは，「図 5.2 のような関係性のもと
で，荷重境界条件，変位境界条件を満たしつつ，平衡方程式を満足するような応力
場，あるいは変位場を求めればよい」ということを理解してほしい．

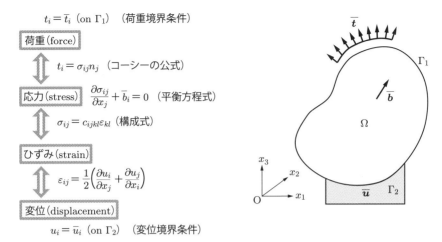

$t_i = \bar{t}_i$ (on Γ_1) （荷重境界条件）

荷重（force）

$t_i = \sigma_{ij} n_j$ （コーシーの公式）

応力（stress） $\dfrac{\partial \sigma_{ij}}{\partial x_j} + \bar{b}_i = 0$ （平衡方程式）

$\sigma_{ij} = c_{ijkl} \varepsilon_{kl}$ （構成式）

ひずみ（strain）

$\varepsilon_{ij} = \dfrac{1}{2}\left(\dfrac{\partial u_i}{\partial x_j} + \dfrac{\partial u_j}{\partial x_i}\right)$

変位（displacement）

$u_i = \bar{u}_i$ (on Γ_2) （変位境界条件）

図 5.2 固体力学の問題設定

5.2 ナビエの式

ここでは，均質等方弾性体の固体について，ここまでに見た問題を一つの式にまとめた，ナビエ（Navier）の式を紹介する．

固体力学においては，荷重境界条件，変位境界条件のもとで，領域 Ω 内において，いたるところで次の平衡方程式が満足されなければならない．

$$\frac{\partial \sigma_{ij}}{\partial x_j} + \bar{b}_i = 0 \tag{5.3}$$

ひずみと変位の関係は，

$$\varepsilon_{ij} = \frac{1}{2}\left(\frac{\partial u_i}{\partial x_j} + \frac{\partial u_j}{\partial x_i}\right) \tag{5.4}$$

と表すことができる．

また，変位とひずみの関係は，均質等方性の弾性体においてはラメの定数を用いて，式 (4.31) より，

$$\sigma_{ij} = \lambda \delta_{ij} \varepsilon_{kk} + 2\mu \varepsilon_{ij} \tag{5.5}$$

と表せる．

式 (5.4) および式 (5.5) の関係を式 (5.3) に代入して応力を消去すると，以下のような**ナビエの式**が得られる．

$$\mu\nabla^2 u_i + (\lambda + \mu)\frac{\partial^2 u_j}{\partial x_j \partial x_i} + \bar{b}_i = 0 \tag{5.6}$$

なお，ここで ∇^2 はラプラシアンであり，

$$\nabla^2 = \frac{\partial^2}{\partial x_1^2} + \frac{\partial^2}{\partial x_2^2} + \frac{\partial^2}{\partial x_3^2} \tag{5.7}$$

である．

　結果的に，式 (5.6) で示される 2 階の偏微分方程式を，与えられた境界条件を満たすように解き，変位場を決定すればよい．この場合のように，与えられた境界値問題を変位の方程式に帰着させて解く方法を**変位法**とよぶ．有限要素法（finite element method: FEM），境界要素法（boundary element method: BEM），有限差分法（finite differential method: FDM）などの数値解法は，すべて変位法に分類され，変位法が今日の弾性解析法の主流となっている．

　他方，後述のように，応力やひずみに関する微分方程式を導き，境界条件を満たす応力場・ひずみ場を求める方法を，**応力法**とよぶ．コンピュータによる数値解析が発達する以前の時代は，もっぱら解析的な式計算による応力解析が主流であり，その時代にはエアリの応力関数（第 7 章参照）や，グルサ（Goursat）の複素応力関数などを用いた応力法が主に用いられた．

　もちろん，今日の FEM や BEM といった数値解析法の位置づけを理解する意味で，応力関数を用いた基礎的な弾性境界値問題の解析法について学ぶことは大きな意義がある．

第 II 部

種々の問題へのアプローチ

第 I 部で導入した固体力学の問題は，3 次元で一般的な形で定義されていた．第 II 部では，第 I 部で定義した問題を，どのようにして解いていくのかを学ぶ．第 6 章では，エネルギー法について学ぶ．エネルギー法を用いて近似的に問題を解く方法も合わせて紹介する．第 7, 8 章では，対象となる固体の幾何学的形状を制限，変形を仮定することによって，固体力学の基礎式を簡略化し，解析的に解ける形にして解く方法を紹介する．応力やひずみ状態が 2 次元的になる，2 次元弾性理論を第 7 章で，薄板状の固体に対する面外方向への変形を記述する，薄板の曲げ理論を第 8 章で，それぞれ紹介する．第 II 部で扱う問題の解法は，機械・航空宇宙構造の設計・解析などの基盤となっていくため，心して学んでほしい．

第6章

エネルギー法

　前章まででは，固体力学においてどのような問題を解けばよいのか，について述べた．本章からは，さまざまな問題について実際にどのように問題を解いていくか，について説明する．まず本章では，エネルギーを使って固体力学の問題を解く方法である，**エネルギー法**について述べる．エネルギー法を使うことにより，3次元の一般的な問題であっても，近似解であれば汎用的に求めることが可能である．エネルギー法は現在，構造・材料の数値シミュレーションでデファクトスタンダードになっている，有限要素法（FEM）の理論的基礎となっており，重要性を増している．

6.1　仮想仕事の原理

6.1.1　固体力学への仮想仕事の原理の導入

　力学や解析力学では，質点系における「仮想仕事の原理」を学んだ．固体力学における仮想仕事の原理の考え方は力学における考え方と同様であるが，大きな違いとして，固体力学においては固体の変形を考慮する．なお，もし質点系における仮想仕事の原理をまだ履修していない，あるいは忘れてしまった，という読者は，先に付録 B をお読みいただくと，本節の理解の助けになると思う．

　図 6.1 のような弾性境界値問題を考える．弾性体で構成されている領域 Ω について，境界 Γ_2 には変位境界条件 $u_i = \bar{u}_i$ が，境界 Γ_1 には荷重境界条件 $t_i = \bar{t}_i$ が課されており，領域 Ω 全体に体積力 $\bar{b}_i$ がかかっているとする．なお，加速度は Ω の全領域にわたって **0** であるとする．

　ここで，平衡方程式 (2.38)，力学的境界条件および変位境界条件を満たす変位場，応力場が**仮にわかったものとする**．この正解の変位場に対して，微小な仮想変位（virtual displacement）δu_i を加えることを考える．ここで，仮想変位とは，

(1) 力学的に釣り合いを満たすのか，ということは気にせず
(2) 変位境界条件を満足し
(3) 運動学的にとり得る（allowable な），任意の変位

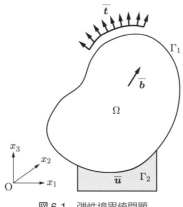

図 6.1 弾性境界値問題

である．つまり，Γ_2 上で，

$$\delta u_i = 0 \quad (i = 1, 2, 3) \tag{6.1}$$

となっている．なぜなら，今は仮に正解がわかっていて，そこに仮想的な変位を考えるからである．正解の変位場ではすでに変位境界条件を満足しているから，そこへの仮想的変位は **0** 以外とり得ない．

　釣り合い状態にある質点系では，荷重（applied force）と仮想変位の内積をとった量を計算し（これを仮想仕事といった），これを系全体について合計すると 0 になる，すなわち仮想変位が仕事をしない．これを**仮想仕事の原理**といい，仮想変位が仕事をしないことが，系が釣り合い状態にあることの必要十分条件となっている[†]．では，3 次元固体においても仮想仕事を考え，これを系全体について合計することを考えてみよう．3 次元固体の内部から取り出した微小六面体（図 6.2）を考える．

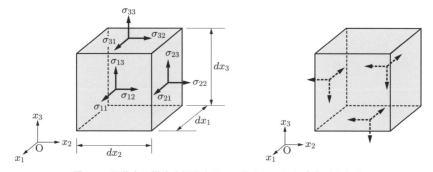

図 6.2 固体中の微小六面体とそこにかかっている応力ベクトル

[†] 付録 B に質点系における仮想仕事の原理の証明を示している．興味のある読者には参照いただきたい．

この微小六面体は x_1, x_2, x_3 軸それぞれに垂直な面によって構成され，x_1, x_2, x_3 軸それぞれの方向への長さは dx_1, dx_2, dx_3 であるとする．この微小六面体にかかっている x_1, x_2, x_3 軸方向への荷重 f_1, f_2, f_3 を考えると，それぞれ

$$
\begin{aligned}
f_1 &= \sigma_{11}(x_1 + dx_1)dx_2dx_3 - \sigma_{11}(x_1)dx_2dx_3 \\
&\quad + \sigma_{21}(x_2 + dx_2)dx_1dx_3 - \sigma_{21}(x_2)dx_1dx_3 \\
&\quad + \sigma_{31}(x_3 + dx_3)dx_1dx_2 - \sigma_{31}(x_3)dx_1dx_2 + \bar{b}_1 dx_1dx_2dx_3 \\
f_2 &= \sigma_{12}(x_1 + dx_1)dx_2dx_3 - \sigma_{12}(x_1)dx_2dx_3 \\
&\quad + \sigma_{22}(x_2 + dx_2)dx_1dx_3 - \sigma_{22}(x_2)dx_1dx_3 \\
&\quad + \sigma_{32}(x_3 + dx_3)dx_1dx_2 - \sigma_{32}(x_3)dx_1dx_2 + \bar{b}_2 dx_1dx_2dx_3 \\
f_3 &= \sigma_{13}(x_1 + dx_1)dx_2dx_3 - \sigma_{13}(x_1)dx_2dx_3 \\
&\quad + \sigma_{23}(x_2 + dx_2)dx_1dx_3 - \sigma_{23}(x_2)dx_1dx_3 \\
&\quad + \sigma_{33}(x_3 + dx_3)dx_1dx_2 - \sigma_{33}(x_3)dx_1dx_2 + \bar{b}_3 dx_1dx_2dx_3
\end{aligned}
\tag{6.2}
$$

となる．ここで，$dx_1dx_2dx_3 = dV$ とし，$dx_1, dx_2, dx_3 \to 0$ の極限を考えると，上式は，

$$
\begin{aligned}
f_1 &= \left(\frac{\partial \sigma_{11}}{\partial x_1} + \frac{\partial \sigma_{21}}{\partial x_2} + \frac{\partial \sigma_{31}}{\partial x_3} + \bar{b}_1 \right)dV \\
f_2 &= \left(\frac{\partial \sigma_{12}}{\partial x_1} + \frac{\partial \sigma_{22}}{\partial x_2} + \frac{\partial \sigma_{32}}{\partial x_3} + \bar{b}_2 \right)dV \\
f_3 &= \left(\frac{\partial \sigma_{13}}{\partial x_1} + \frac{\partial \sigma_{23}}{\partial x_2} + \frac{\partial \sigma_{33}}{\partial x_3} + \bar{b}_3 \right)dV
\end{aligned}
\tag{6.3}
$$

となる．ここに，仮想変位 δu_1, δu_2, δu_3 がかかることを考えると，この微小六面体での仮想仕事 $\delta'W$ は，

$$
\begin{aligned}
\delta'W &= f_i\delta u_i \\
&= \Bigg\{ \left(\frac{\partial \sigma_{11}}{\partial x_1} + \frac{\partial \sigma_{21}}{\partial x_2} + \frac{\partial \sigma_{31}}{\partial x_3} + \bar{b}_1 \right)\delta u_1 \\
&\quad + \left(\frac{\partial \sigma_{12}}{\partial x_1} + \frac{\partial \sigma_{22}}{\partial x_2} + \frac{\partial \sigma_{32}}{\partial x_3} + \bar{b}_2 \right)\delta u_2 \\
&\quad + \left(\frac{\partial \sigma_{13}}{\partial x_1} + \frac{\partial \sigma_{23}}{\partial x_2} + \frac{\partial \sigma_{33}}{\partial x_3} + \bar{b}_3 \right)\delta u_3 \Bigg\}dV \\
&= \left(\frac{\partial \sigma_{ij}}{\partial x_j}\delta u_i + \bar{b}_i\delta u_i \right)dV
\end{aligned}
\tag{6.4}
$$

となることがわかる．仮想仕事の原理によれば，この仮想仕事を系全体について足し合わせると 0 になることが，系が釣り合い状態にあることの必要十分条件である．

したがって，これらを領域 Ω について足し合わせると，

$$\int_\Omega \delta'W = \int_\Omega \left(\frac{\partial\sigma_{ij}}{\partial x_j}\delta u_i + \bar{b}_i\delta u_i\right)dV = 0 \tag{6.5}$$

が得られる．なお，工学表記ならば，

$$\int_\Omega \left\{\left(\frac{\partial\sigma_x}{\partial x} + \frac{\partial\tau_{xy}}{\partial y} + \frac{\partial\tau_{xz}}{\partial z} + \bar{b}_x\right)\delta u + \left(\frac{\partial\tau_{yx}}{\partial x} + \frac{\partial\sigma_y}{\partial y} + \frac{\partial\tau_{yz}}{\partial z} + \bar{b}_y\right)\delta v\right.$$
$$\left. + \left(\frac{\partial\tau_{zx}}{\partial x} + \frac{\partial\tau_{zy}}{\partial y} + \frac{\partial\sigma_z}{\partial z} + \bar{b}_z\right)\delta w\right\}dV = 0 \tag{6.6}$$

となっていれば，釣り合い状態が達成されていることになる．これが 3 次元固体における仮想仕事の原理である．

6.1.2　発散定理による変形

以上で導いた式 (6.5) について，

$$\int_\Omega \frac{\partial\sigma_{ij}}{\partial x_j}\delta u_i dV$$

の項に注目してみよう．この項にガウス（Gauss）の発散定理を適用して，変形することを考えよう（ガウスの発散定理については後のコラムも参照）．ガウスの発散定理を適用できる形にするため，関数の積の偏微分に関する以下の関係を用いて変形する．

$$\frac{\partial}{\partial x}(fg) = \frac{\partial f}{\partial x}g + f\frac{\partial g}{\partial x}$$
$$\frac{\partial f}{\partial x}g = \frac{\partial}{\partial x}(fg) - f\frac{\partial g}{\partial x}$$

ここで，x は独立変数，f, g は x を含む関数である．すると，当該の項は

$$\int_\Omega \frac{\partial}{\partial x_j}(\sigma_{ij}\delta u_i)dV - \int_\Omega \sigma_{ij}\frac{\partial\delta u_i}{\partial x_j}dV$$

となる．さらに，この第 1 項目にガウスの発散定理を適用すると，

$$\int_\Gamma \sigma_{ij}\delta u_i n_j dV - \int_\Omega \sigma_{ij}\frac{\partial\delta u_i}{\partial x_j}dV$$

となる．これをもとの式 (6.5) に戻すと，

$$\int_\Omega \bar{b}_i\delta u_i dV + \int_\Gamma \sigma_{ij}\delta u_i n_j dS - \int_\Omega \sigma_{ij}\frac{\partial\delta u_i}{\partial x_j}dV = 0$$

となり，応力テンソルは対称テンソルであるから，

$$\int_{\Omega} \bar{b}_i \delta u_i dV + \int_{\Gamma} \sigma_{ij} \delta u_i n_j dS - \int_{\Omega} \left\{ \sigma_{ij} \frac{1}{2} \left(\frac{\partial \delta u_i}{\partial x_j} + \frac{\partial \delta u_j}{\partial x_i} \right) \right\} dV = 0$$

が得られる．ここで，

$$\delta \varepsilon_{ij} = \frac{1}{2} \left(\frac{\partial \delta u_i}{\partial x_j} + \frac{\partial \delta u_j}{\partial x_i} \right) \tag{6.7}$$

という表記を導入する．これは，仮想変位によって発生するひずみテンソルであり，**仮想ひずみ**とよばれる．式 (3.7) と見比べてほしい．

ここで，仮想変位の変位境界条件 (6.1) より，表面積分の中身は Γ_2 上ではつねに 0 になる．さらに，力学的境界条件（コーシーの公式）(2.10) を適用すると，

$$\int_{\Omega} \sigma_{ij} \delta \varepsilon_{ij} dV = \int_{\Gamma_1} \bar{t}_i \delta u_i dS + \int_{\Omega} \bar{b}_i \delta u_i dV \tag{6.8}$$

となり，工学表記では，

$$\int_{\Omega} (\sigma_x \delta \varepsilon_x + \sigma_y \delta \varepsilon_y + \sigma_z \delta \varepsilon_z + \tau_{yz} \delta \gamma_{yz} + \tau_{zx} \delta \gamma_{zx} + \tau_{xy} \delta \gamma_{xy}) dV$$

$$= \int_{\Gamma_1} (\bar{t}_x \delta u + \bar{t}_y \delta v + \bar{t}_z \delta w) dS + \int_{\Omega} (\bar{b}_x \delta u + \bar{b}_y \delta v + \bar{b}_z \delta w) dV \tag{6.9}$$

となる．ここで，5.1 節で説明したとおり，Γ_1 には表面力がかかっていない境界も含まれていることに注意する．この部分は表面力が **0** であるという荷重境界条件が与えられている．式 (6.8), (6.9) は，左辺が内力（すなわち応力）によって発生する仮想仕事（virtual work）を意味し，右辺が外力により発生する仮想仕事を意味している．

したがって，**変位場に微小な仮想変位を加えたとき，その内力により発生する内部仮想仕事と，外力により発生する外部仮想仕事が等しいことは，系が釣り合い状態にあることの必要十分条件である**ということになる．これを固体における**仮想仕事の原理**（principle of virtual work）という．もし，微小な仮想変位を加えたとき，その内部仮想仕事と外部仮想仕事が等しくなるような応力場，変位場を見つけることができれば，弾性問題を解くことができる．

仮想仕事の原理を使用すれば，各点で釣り合いの式を解くことなく，系全体を積分してそのエネルギーのバランスを考えることによって，釣り合い点を求めることができる．また，仮想仕事はベクトルやテンソルではなくスカラー量であり，足し

合わせるのが容易であることから，式 (6.8)，(6.9) は非常に便利な式である．

　なお，弾性の問題については，弾性問題の解の唯一性（uniqueness of solution）が成立することが知られている．解の唯一性とは，「境界条件および体積力が与えられれば，弾性問題の解，すなわち応力状態はただ一通りに定まる」ことを意味している．つまり，弾性問題においては，何らかの手段で一つの解を得られれば，それが唯一の正解であり，他の解の存在について考えなくてもよい，ということを意味する．言い換えると，エネルギー法によって弾性問題の解が一つ発見できれば，それが唯一の解になっていることを意味している．ただし，これは線形の場合でしか成立しないことに注意する必要がある．材料や大ひずみなど，系に非線形性が現れる場合は，この定理は必ずしも成立しない．証明については付録 C に示しているので，関心のある読者は参照されたい．

◆コラム◆　ガウスの発散定理

　ガウスの発散定理はベクトル場の体積積分と表面積分に関して成立する公式である．ある領域 V 内に定義されたベクトル場 $\boldsymbol{v} = (v_1, v_2, v_3)$ について，その発散（divergence）を領域内で積分すると，それが V の境界 ∂V におけるベクトル場 $\boldsymbol{v}$ の境界面垂直成分の和をとったものに等しくなる，という定理である．数式で表すと，

$$
\begin{aligned}
\int_V \mathrm{div}\,\boldsymbol{v}\,dV &= \int_V \left(\frac{\partial v_1}{\partial x_1} + \frac{\partial v_2}{\partial x_2} + \frac{\partial v_3}{\partial x_3} \right) dV \\
&= \int_{\partial V} (v_1 n_1 + v_2 n_2 + v_3 n_3) dS \\
&= \int_{\partial V} \boldsymbol{v} \cdot \boldsymbol{n}\,dS \qquad (6.10)
\end{aligned}
$$

となる．ここで，$\boldsymbol{n} = (n_1, n_2, n_3)$ は境界の法線ベクトルである．物理学では，電磁気学における電荷の説明や流体力学における湧き出しの説明などで用いられている．証明など詳しくは，ベクトル解析の教科書をご覧いただきたい．

6.2 ポテンシャルエネルギー最小の定理

6.2.1 ひずみエネルギーの導入

解析力学においては，特殊な場合として，外力がすべて保存力（conservative force）の場合，仮想仕事の原理は「仮想変位に対するポテンシャルエネルギーの変化がない場所が釣り合い点である」となることを学んだ[†]．なお，保存力とは，力が経路によらず決まる力であり，その力に対してポテンシャルエネルギー（potential energy）U が定義できる．各方向の力は U の勾配により得られる．すなわち保存力を (f_1, f_2, f_3) とすると，

$$f_i = -\frac{\partial U}{\partial x_i}$$

である．本節では，3 次元固体においてポテンシャルエネルギーについての考察を行い，3 次元固体に対する「ポテンシャルエネルギー最小の定理」を導く．

まず，準備として，3 次元固体に対して応力がかかった際に固体に蓄えられるエネルギーについて考える．これを**ひずみエネルギー**という．単位体積あたりのひずみエネルギー（これをひずみエネルギー関数という）を φ とする．図 6.3 のように，応力もひずみもかかっていない状態を (O)，ひずみエネルギーを考える状態を (A) とすると，φ は

$$\varphi = \int_{(O)}^{(A)} \sigma_{ij} d\varepsilon_{ij} \tag{6.11}$$

となる．

なお，材料が線形弾性である場合，図 6.4 のようになるため，φ は

$$\varphi = \frac{1}{2}\sigma_{ij} d\varepsilon_{ij} \tag{6.12}$$

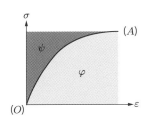

図 6.3 ひずみエネルギー関数

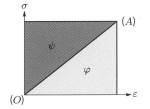

図 6.4 ひずみエネルギー関数―弾性の場合

[†] 証明は付録 B を参照.

となる. 最初につく $1/2$ については, ばねの場合と同様, 弾性体を釣り合いを保ったまま変形させた際に, 外力がする仕事と内部エネルギー (ひずみエネルギー) が等しくなることから理解できる.

また, 系全体のひずみエネルギー A を求めるためには, 系全体で体積積分をとり,

$$A = \int_\Omega \varphi dV \tag{6.13}$$

とすればよい.

6.2.2　ポテンシャルエネルギー最小の定理

さて, ここで仮想仕事の原理 (式 (6.8)) とひずみエネルギー関数の定義 (6.11) を見てみよう. このとき, 式 (6.8) 左辺の内部仮想仕事の積分の中身は, 系に仮想変位が加えられた際のひずみエネルギー関数の変化分になっていることがわかる.

すなわち,

$$\delta\varphi = \sigma_{ij}\delta\varepsilon_{ij} \tag{6.14}$$

であり, 工学表記では,

$$\delta\varphi = \sigma_x\delta\varepsilon_x + \sigma_y\delta\varepsilon_y + \sigma_z\delta\varepsilon_z + \tau_{yz}\delta\gamma_{yz} + \tau_{zx}\delta\gamma_{zx} + \tau_{xy}\delta\gamma_{xy} \tag{6.15}$$

である.

したがって, これを式 (6.8) および (6.9) に代入し, 式 (6.13) を用いると,

$$\delta A = \int_{\Gamma_1} \bar{t}_i\delta u_i dS + \int_\Omega \bar{b}_i\delta u_i dV \tag{6.16}$$

および

$$\delta A = \int_{\Gamma_1} (\bar{t}_x\delta u + \bar{t}_y\delta v + \bar{t}_z\delta w)dS + \int_\Omega (\bar{b}_x\delta u + \bar{b}_y\delta v + \bar{b}_z\delta w)dV \tag{6.17}$$

となる.

次に, 式 (6.16) の右辺を見てみよう. もし, 外力 $\bar{t}_i$ および $\bar{b}_i$ が変位に無関係に一定であれば, ある点で

$$u^s = -\bar{t}_i x_i$$

なる関数 u^s を考えると, $\bar{t}_i = -\partial u_s/\partial x_i$ となるから, これはある点における表面力のポテンシャルになる. 同様に, ある点で

$$u^b = -\bar{b}_i x_i$$

なる関数 u^b は，ある点における体積力のポテンシャルである．よって，系全体の外力のポテンシャルは，

$$- \int_{\Gamma_1} \bar{t}_i x_i dS - \int_\Omega \bar{b}_i x_i dV \tag{6.18}$$

となる．

したがって，この場合の系全体のポテンシャルエネルギー Π は，

$$\Pi = \int_\Omega \varphi dV - \int_{\Gamma_1} \bar{t}_i x_i dS - \int_\Omega \bar{b}_i x_i dV \tag{6.19}$$

となる．工学表記では，

$$\Pi = \int_\Omega \varphi dV - \int_{\Gamma_1} (\bar{t}_x x + \bar{t}_y y + \bar{t}_z z) dS - \int_\Omega (\bar{b}_x x + \bar{b}_y y + \bar{b}_z z) dV \tag{6.20}$$

である．ここで，微小な仮想変位を加えたときのポテンシャルエネルギーの変化 $\delta\Pi$ を考えると，式 (6.16) より，

$$\delta\Pi = \delta A - \int_{\Gamma_1} \bar{t}_i \delta u_i dS + \int_\Omega \bar{b}_i \delta u_i dV = 0 \tag{6.21}$$

が得られる．したがって，釣り合い状態にあることと，ポテンシャルエネルギー Π が停留値をとることとが同値となる．これは解析力学で学習したこととまったく同じになっていることに気づくであろう．詳細は省くが，$\delta\Pi = 0$ であるとき，Π は極小値をとることが証明でき，したがってこれを**ポテンシャルエネルギー最小の定理**（theorem of minimum potential energy）という．

この定理の意味するところは，**適合条件式と変位境界条件を満たす変位のうち，平衡方程式および力学的境界条件を満たす変位は，系のポテンシャルエネルギー Π を最小にする**ということである．

この定理は数値シミュレーションについて特に重要で，多くの解析手法（有限要素法など）が，これを出発点として手法を構築している．

6.3 補仮想仕事の原理

質点系における仮想仕事の原理では，釣り合いの状態にある系に対して，微小な仮想変位を変位場に加え，この際の仮想変位を考えた．補仮想仕事の原理は，仮想仕事の原理について相補的に用いることの可能な定理である．仮想仕事の原理とは

逆に，釣り合い状態にある系に対して微小な**仮想荷重**を加え，この際に仮想荷重がする仕事（補仮想仕事）を考える．仮想仕事の原理と同様，質点系においてはこの系の変位が幾何学的な適合条件を満たすことの必要十分条件が，仮想荷重がする補仮想仕事が0になることになっている[†]．これを補仮想仕事の原理という．

もし質点系の質点iに対して，その変位がu_i, v_i, w_iであるとすると，この系が変位の適合条件を満たすための必要十分条件は，質点系に対して微小な仮想荷重δX_i，$\delta Y_i, \delta Z_i$をかけた際に，

$$\sum_i (\delta X_i u_i + \delta Y_i v_i + \delta Z_i w_i) = 0 \tag{6.22}$$

となることである．この式は付録Bの式(B.16)と対応している．このとき，仮想荷重の条件は，(1)系の釣り合い状態を乱さないこと，(2)荷重境界条件を満足すること，である．

質点系について成立する上記の式について，3次元固体へ拡張してみよう．図6.1に示すような3次元固体を考える．3次元固体では，正解の変位場，応力場が見つかったと仮定したうえで，微小な仮想応力を応力場に加え，この際の仮想仕事を考えればよい．微小な仮想応力を$\delta \sigma_{ij}$とする．このとき，この仮想応力は平衡方程式および力学的境界条件は満足するが，変位境界条件を満たすかどうかは考えなくてよい（力学的に可容な応力場という）．つまり，荷重境界条件について，荷重が与えられた境界Γ_1において，

$$\delta t_i = \delta \sigma_{ij} n_j = 0 \tag{6.23}$$

ということである．

ここで，領域Ωに含まれる微小六面体（図6.2）について考える．この微小六面体にかかっている仮想荷重δf_iを考えると，

$$\delta f_1 = \left(\frac{\partial \delta \sigma_{11}}{\partial x_1} + \frac{\partial \delta \sigma_{21}}{\partial x_2} + \frac{\partial \delta \sigma_{31}}{\partial x_3} \right) dV$$

$$\delta f_2 = \left(\frac{\partial \delta \sigma_{12}}{\partial x_1} + \frac{\partial \delta \sigma_{22}}{\partial x_2} + \frac{\partial \delta \sigma_{32}}{\partial x_3} \right) dV$$

$$\delta f_3 = \left(\frac{\partial \delta \sigma_{13}}{\partial x_1} + \frac{\partial \delta \sigma_{23}}{\partial x_2} + \frac{\partial \delta \sigma_{33}}{\partial x_3} \right) dV$$

となる．

[†]　こちらも，付録Bに質点系における補仮想仕事の原理の証明を示している．必要に応じて参照いただきたい．

したがって，微小六面体における補仮想仕事は，

$$
\begin{aligned}
\delta' W_c' &= \delta f_i u_i \\
&= \Bigg\{ \left(\frac{\partial \delta \sigma_{11}}{\partial x_1} + \frac{\partial \delta \sigma_{21}}{\partial x_2} + \frac{\partial \delta \sigma_{31}}{\partial x_3} \right) u_1 \\
&\quad + \left(\frac{\partial \delta \sigma_{12}}{\partial x_1} + \frac{\partial \delta \sigma_{22}}{\partial x_2} + \frac{\partial \delta \sigma_{32}}{\partial x_3} \right) u_2 \\
&\quad + \left(\frac{\partial \delta \sigma_{13}}{\partial x_1} + \frac{\partial \delta \sigma_{23}}{\partial x_2} + \frac{\partial \delta \sigma_{33}}{\partial x_3} \right) u_3 \Bigg\} dV \\
&= \frac{\partial \delta \sigma_{ij}}{\partial x_j} u_i dV \tag{6.24}
\end{aligned}
$$

となる．

これを 3 次元固体全体に対して足し合わせれば，補仮想仕事の原理から，変位が幾何学的に適合していることの必要十分条件は，

$$
\int_\Omega \delta' W_c' = \int_\Omega \frac{\partial \delta \sigma_{ij}}{\partial x_j} u_i dV = 0 \tag{6.25}
$$

となり，工学表記では，

$$
\int_\Omega \Bigg\{ \left(\frac{\partial \delta \sigma_x}{\partial x} + \frac{\partial \delta \tau_{xy}}{\partial y} + \frac{\partial \delta \tau_{zx}}{\partial z} \right) u + \left(\frac{\partial \delta \tau_{xy}}{\partial x} + \frac{\partial \delta \sigma_y}{\partial y} + \frac{\partial \delta \tau_{yz}}{\partial z} \right) v \\
+ \left(\frac{\partial \delta \tau_{zx}}{\partial x} + \frac{\partial \delta \tau_{yz}}{\partial y} + \frac{\partial \delta \sigma_z}{\partial z} \right) w \Bigg\} dV = 0 \tag{6.26}
$$

となる．この式を使いやすいよう変形してみよう．

6.1.2 項と同様，上記の式に積に関する偏微分の公式とガウスの発散定理を適用して変形すると，

$$
\int_\Gamma \delta \sigma_{ij} u_i n_j dS - \int_\Omega \delta \sigma_{ij} \frac{\partial u_i}{\partial x_j} dV = 0
$$

となり，応力テンソルの対称性から，

$$
\int_\Gamma \delta \sigma_{ij} u_i n_j dS - \int_\Omega \Bigg\{ \delta \sigma_{ij} \frac{1}{2} \left(\frac{\partial u_i}{\partial x_j} + \frac{\partial u_j}{\partial x_i} \right) \Bigg\} dV = 0
$$

となる．したがって，

$$
\int_\Gamma \delta \sigma_{ij} u_i n_j dS - \int_\Omega \delta \sigma_{ij} \varepsilon_{ij} dV = 0
$$

であり，また，コーシーの公式 (2.10) から，

$$\int_\Gamma \delta t_i u_i dS - \int_\Omega \delta \sigma_{ij} \varepsilon_{ij} dV = 0$$

となる．さらに，境界 Γ_1 では境界条件 (6.23) が適用され，境界 Γ_2 では変位境界条件が与えられていることから，

$$\int_\Omega \delta \sigma_{ij} \varepsilon_{ij} dV = \int_{\Gamma_2} \delta t_i \bar{u}_i dS \tag{6.27}$$

となる．なお，工学表記の場合は，

$$\int_\Omega (\delta \sigma_x \varepsilon_x + \delta \sigma_y \varepsilon_y + \delta \sigma_z \varepsilon_z + \delta \tau_{yz} \gamma_{yz} + \delta \tau_{zx} \gamma_{zx} + \delta \tau_{xy} \gamma_{xy}) dV$$

$$= \int_{\Gamma_2} (\delta t_x \bar{u} + \delta t_y \bar{v} + \delta t_z \bar{w}) dS \tag{6.28}$$

である．これは，左辺が仮想応力による内部補仮想仕事を，右辺が外部補仮想仕事を意味している．つまり，「物体の変位が適合条件を満たしているとき，荷重境界条件と平衡方程式を満たす微小な仮想応力を考えると，その応力による内部仮想仕事と外部仮想仕事が等しい」ということになる．これを「補仮想仕事の原理」（principle of complementary virtual work）という．仮想仕事の原理と似ているが，仮想変位を考えるのか，仮想応力を考えるのかが異なっている．また，右辺が荷重境界で与えられるのか，変位境界で与えられるのかも異なっているので，問題によって使い分けるとよい．

6.4　コンプリメンタリエネルギー最小の定理

さて，仮想仕事の原理と同様に，補仮想仕事の原理でもエネルギー的な考察をしてみよう．固体中の単位体積あたりのひずみエネルギー（ひずみエネルギー関数）φ については，式 (6.11) のように定義されていた（図 6.3）．

ここで，図 6.3 の濃い灰色の領域 ψ について考えてみよう．これを「補ひずみエネルギー関数」と定義する．すなわち，

$$\psi = \int_{(O)}^{(A)} \varepsilon_{ij} d\sigma_{ij} \tag{6.29}$$

である．定義や図 6.4 から明らかなとおり，材料が線形弾性の場合では，

$$\varphi = \psi = \frac{1}{2}\sigma_{ij}\varepsilon_{ij} \tag{6.30}$$

となる.

固体全体の補ひずみエネルギーは,

$$B = \int_\Omega \psi dV \tag{6.31}$$

となるが, 補仮想仕事の原理 (6.27) の左辺と式 (6.29) を見比べると,

$$\delta B = \delta \int_\Omega \psi dV - \int_{\Gamma_2} \bar{u}_i \delta t_i dS = 0 \tag{6.32}$$

となることがわかる. さらに, 境界 Γ_2 において与えられた変位 $\bar{u}_i$ が力によらず一定の場合,

$$u^c = -t_i\bar{u}_i$$

を強制変位のコンプリメンタリエネルギーという. ポテンシャルエネルギーは, エネルギーを変位で微分することにより荷重を計算することができるが, コンプリメンタリエネルギーはこれとは逆に, 力で微分することにより強制変位を計算することができるエネルギーである. これを系全体で積分すると,

$$U^c = \int_{\Gamma_2} u^c dS = \int_{\Gamma_2} -t_i\bar{u}_i dS$$

となる. したがって, 系全体のコンプリメンタリエネルギーを,

$$\Pi_C = \int_\Omega \psi dV - \int_{\Gamma_2} \bar{u}_i t_i dS \tag{6.33}$$

と定義することができる. これを用いれば, 補仮想仕事の原理は

$$\delta\Pi_C = 0 \tag{6.34}$$

と書くことができる. これはつまり, 釣り合い点においては, コンプリメンタリエネルギーが停留することを意味している. 詳細は省くが, $\delta\Pi_C = 0$ であるとき, Π_C は極小値をとることが証明でき, したがってこれを**コンプリメンタリエネルギー最小の定理**(theorem of minimum complementary energy) という.

この意味するところは, **平衡方程式および与えられた力学的境界条件を満たす応力のうち, 適合条件式と変位境界条件を満たす応力が, 系のコンプリメンタリエネルギー Π_C を最小にする**ということである.

レイリー－リッツ法

以上で，仮想仕事の原理，補仮想仕事の原理について説明した．しかし，これらの原理を使用して実際に 3 次元固体力学の問題をどのように解けばよいのか，具体的にはわかりにくいのではないかと思う．実は，これらのエネルギー法は，多くの 3 次元固体力学の問題について近似解を求める，さまざまな手法に使用することが可能である．ここでは，その手法の一つとして，仮想仕事の原理を用いたレイリー－リッツ（Rayleigh–Ritz）法について紹介する．レイリー－リッツ法では，解の形を多項式で仮定し，仮想仕事の原理を用いて多項式の係数を決める．レイリー－リッツ法の具体的な手順は以下のとおりである．

(1) 変位境界条件を満たす変位場の式を一つ見つける．
(2) (1) で見つけた変位場に多項式を加える（フーリエ級数などを用いることもある）．これが仮定された変位場になる．このとき変位場は未知の係数を含んでいる．
(3) (2) で仮定された変位場からひずみを計算する．
(4) (3) で計算されたひずみ場から応力を計算する．
(5) 任意の仮想変位を仮定し，(4) で計算された応力と荷重境界条件にかけ合わせて，内部仮想仕事と外部仮想仕事を計算する．
(6) 仮想仕事の原理から，未知の係数に対する連立方程式を構成する．
(7) 連立方程式を解き，係数を決めることにより近似解（変位場）が得られる．

例題 6.1 図 6.5 に示すテーパのついた棒に一様な引張外力をかけた際の変形を，レイリー－リッツ法を用いて近似的に解け．なお，テーパ棒は一端が x 軸方向に固定され，y, z 軸方向には自由であるとする．根本は直径 d_A，先端は直径 $d_A/2$ の円形形状であり，長さは L とする．直径は，先端に向かって線形に縮小するものとする．端部に

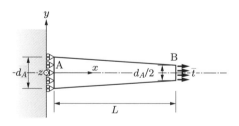

図 6.5　テーパ棒に一様引張荷重をかける問題

は一様な引張表面力 $\bar{t}$ が軸方向にかかっているものとし，体積力は 0 であるとする．材料は等方線形弾性体とし，ヤング率は E，ポアソン比は ν とする．また，変形は軸方向に対して一様であると考える．

解答 レイリー－リッツ法の手順に従って近似解を求める．

(1) 変位境界条件を満たす変位場の式として，$u(x) = 0$（まったく変形していない）を選ぶことにする．この場合，$u(0) = 0$ なので，端部の変位境界条件は満足している．この段階では変位境界条件さえ満たせばよく，応力や荷重については考慮しなくてよいことに注意してほしい．

(2) $u(x) = 0$ に多項式を加え，仮定された変位場を作る．ここでは，

$$u(x) = a_1 x + a_2 x^2 \tag{6.35}$$

と仮定しよう．この近似関数のとり方にはいろいろ工夫する余地がある．また，どの次数まで多項式をとるかは，計算の容易さとのトレードオフになっている．もちろん，仮定のやり方が不適切な場合は，よい近似解にはならないことに注意してほしい．

(3) 変位場を微分してひずみを求める．ここでは，$\varepsilon_x = \partial u / \partial x = a_1 + 2a_2 x$ である（他のひずみ成分も 0 というわけではないのだが，後述する理由でここでは計算しない）．

(4) 構成式から応力を計算する．ここでは，境界条件と仮定から，明らかに $\sigma_y = \sigma_z = 0$ としてよい．このため，ε_x に関する構成式から，

$$\varepsilon_x = \frac{1}{E}\{\sigma_x - \nu(\sigma_y + \sigma_z)\} = \frac{\sigma_x}{E} \tag{6.36}$$

となる．これより，

$$\sigma_x = E(a_1 + 2a_2 x), \quad \sigma_y = 0, \quad \sigma_z = 0, \quad \tau_{yz} = 0, \quad \tau_{zx} = 0, \quad \tau_{xy} = 0 \tag{6.37}$$

ということになる．

(5) 任意の形状の（ただし変位境界条件を満たす）仮想変位を仮定し，これより内部仮想仕事と外部仮想仕事を計算する．ここでは，仮想変位として，

$$\delta u(x) = \delta a_1 x + \delta a_2 x^2 \tag{6.38}$$

としてみよう．これより，仮想ひずみは

$$\delta \varepsilon_x = \delta a_1 + 2\delta a_2 x \tag{6.39}$$

となる．これより，各点での内部仮想仕事は，

$$\begin{aligned}\sigma_x \delta\varepsilon_x &+ \sigma_y \delta\varepsilon_y + \sigma_z \delta\varepsilon_z + \tau_{yz}\delta\gamma_{yz} + \tau_{zx}\delta\gamma_{zx} + \tau_{xy}\delta\gamma_{xy} \\ &= \sigma_x \delta\varepsilon_x = E(a_1 + 2a_2 x)(\delta a_1 + 2\delta a_2 x)\end{aligned} \tag{6.40}$$

となる（この部分で σ_x に関連する項以外はすべて 0 になってしまうため，手順 (3) で計算しなかったわけである）．これを系全体について積分すれば，系全体の内部仮想仕事

が得られる. 棒の各点での直径は, $d = d_A(1 - x'/2)$ である. なお, ここで $x' = x/L$ とする. よって, 各点での断面積 $A(x)$ は

$$A(x) = \frac{\pi}{4}d_A^2\left(1 - \frac{x'}{2}\right)^2$$

となり, これを用いて積分すれば,

$$
\begin{aligned}
\int_\Omega \sigma_x \delta\varepsilon_x dV &= \int_0^L A(x)E(a_1 + 2a_2x)(\delta a_1 + 2\delta a_2 x)dx \\
&= \int_0^1 E(a_1 + 2a_2 Lx')(\delta a_1 + 2\delta a_2 Lx')dx' \\
&= \frac{\pi E L d_A^2}{4}\left\{\left(\frac{7}{12}a_1 + \frac{11}{24}a_2 L\right)\delta a_1 + \left(\frac{11}{24}a_1 + \frac{8}{15}a_2 L\right)\delta a_2 L\right\}
\end{aligned}
\tag{6.41}
$$

が得られる. 以上で系全体の内部仮想仕事が求められた.

次に, 外部仮想仕事を考える. 仮想変位は式 (6.38) で与えられるので, 端部での仮想変位は

$$\delta u(L) = \delta a_1 L + \delta a_2 L^2$$

となる. 端面での直径は $d_A/2$ であるから, 系全体の外部仮想仕事は,

$$\int_{\Gamma_1}(\bar{t}_x \delta u + \bar{t}_y \delta v + \bar{t}\delta w)dS = \frac{\pi d_A^2}{16}\bar{t}(\delta a_1 L + \delta a_2 L^2)\tag{6.42}$$

となる.

(6) 仮想仕事の原理を適用すれば, 式 (6.41) と式 (6.42) から,

$$
\begin{aligned}
&\frac{\pi E L d_A^2}{4}\left\{\left(\frac{7}{12}a_1 + \frac{11}{24}a_2 L\right)\delta a_1 + \left(\frac{11}{24}a_1 + \frac{8}{15}a_2 L\right)\delta a_2 L\right\} \\
&= \frac{\pi d_A^2}{16}\bar{t}(\delta a_1 L + \delta a_2 L^2)
\end{aligned}
$$

となり, これを少し整理すると,

$$E\left\{\left(\frac{7}{4}a_1 + \frac{11}{8}a_2 L\right)\delta a_1 + \left(\frac{11}{8}a_1 + \frac{8}{5}a_2 L\right)\delta a_2 L\right\} = \frac{3}{4}\bar{t}(\delta a_1 + \delta a_2 L)\tag{6.43}$$

となる. ここで, 仮想変位はどのような値をとってもよいことから, $\delta a_1 = 0$ のときも $\delta a_2 = 0$ のときも成立しなければならない. したがって,

$$E\left(\frac{11}{8}a_1 + \frac{8}{5}a_2 L\right) = \frac{3}{4}\bar{t},\quad E\left(\frac{7}{4}a_1 + \frac{11}{8}a_2 L\right) = \frac{3}{4}\bar{t}\tag{6.44}$$

である.

(7) 式 (6.44) を解くことにより,

$$a_1 = \frac{18}{97}\frac{\bar{t}}{E}, \quad a_2 = \frac{30}{97L}\frac{\bar{t}}{E} \tag{6.45}$$

となる．式 (6.35) と式 (6.45) から，近似解として，

$$u(x) = \frac{18}{97}\frac{\bar{t}}{E}x + \frac{30}{97L}\frac{\bar{t}}{E}x^2 \tag{6.46}$$

を得ることができる．

本書では詳しく解説しないが，ここで述べたレイリー－リッツ法の解の仮定，仮想変位の選定による連立方程式の立式をよりシステマチックに行うと，ガラーキン（Galerkin）法とよばれる方法になる．また，レイリー－リッツ法のように対象領域全体の解の形を多項式で近似するのではなく，解析対象領域を多くの要素に分割し，要素内の解の形を要素を構成する節点（ノード）の値から近似し，仮想仕事の原理を用いて節点の値を求める方法を，**有限要素法**（finite element method: FEM）という．有限要素法は固体力学の多くの問題に用いられ，現代においては機械の構造解析のデファクトスタンダードとなっている．本書では有限要素法については詳しく述べないが，興味のある方は，関連の書籍等を参照されたい．

6.6 カスティリアノの定理

本節ではカスティリアノ（Castigliano）の定理について説明する．カスティリアノの定理は，仮想仕事の原理，補仮想仕事の原理に立脚し，

- 変位が与えられた点の集中外力を求める
- 集中外力が与えられた点の変位を求める

のに非常に便利な定理である．

6.6.1 カスティリアノの第1定理

カスティリアノの第1定理は，変位を与えられた点の集中外力を求める定理である．

図 6.6 のように，ある点 i で，変位 $\bar{u}_i$ が与えられるとする．このとき，点 i での変位方向の反力 P_i を考える．

点 i は体積，表面積をもたない．この点は図 6.1 の Γ_1，Γ_2 のどちらにも含まれず，領域 Ω にも含まれない，特別扱いとする．また，P_i と仮想変位の関係を考えるため，点 i にも仮想変位 δu_i を加えると，仮想仕事の原理 (6.9) から，

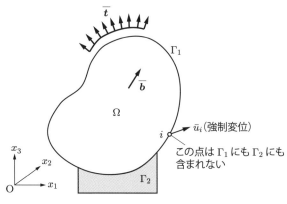

図 6.6　カスティリアノの第 1 定理

$$\int_{\Omega}(\sigma_x\delta\varepsilon_x + \sigma_y\delta\varepsilon_y + \sigma_z\delta\varepsilon_z + \tau_{yz}\delta\gamma_{yz} + \tau_{zx}\delta\gamma_{zx} + \tau_{xy}\delta\gamma_{xy})dV$$

$$= P_i\delta u_i + \int_{\Gamma_1}(\bar{t}_x\delta u + \bar{t}_y\delta v + \bar{t}_z\delta w)dS + \int_{\Omega}(\bar{b}_x\delta u + \bar{b}_y\delta v + \bar{b}_z\delta w)dV$$

$$(6.47)$$

となる．左辺は，ひずみエネルギーを A とすれば，δA と表せる．よって，

$$P_i\delta u_i = \delta A - \int_{\Gamma_1}(\bar{t}_x\delta u + \bar{t}_y\delta v + \bar{t}_z\delta w)dS - \int_{\Omega}(\bar{b}_x\delta u + \bar{b}_y\delta v + \bar{b}_z\delta w)dV$$

$$(6.48)$$

となる．ここで，仮想変位場は，変位境界条件を与えられた Γ_2 で $\delta u = 0$, $\delta v = 0$, $\delta w = 0$ となることを除いては，任意の値を与えることができる．そのため，点 i 以外ではすべて 0 になっている，という仮想変位を考えたとしても，式 (6.48) は成立しなければならない．このような仮想変位を考えると，右辺第 2, 3 項は消失するため，結局，

$$P_i\delta u_i = \delta A \qquad (6.49)$$

となり，よって，

$$P_i = \frac{\partial A}{\partial u_i} \qquad (6.50)$$

となる．これがカスティリアノの第 1 定理である．右辺は u_i の関数になるため，$\bar{u}_i$ における $\partial A/\partial u_i$ の値を計算することにより，変位 $\bar{u}_i$ が与えられた点 i における集中外力（反力）P_i を計算することができる．

6.6.2 カスティリアノの第2定理

カスティリアノの第2定理は，第1定理とは逆に，集中外力を与えられた点における，変位を与える定理である．

図6.7のように，点 i に集中荷重 $\bar{P}_i$ が与えられたとする．このとき，点 i での変位 u_i を考える．カスティリアノの第1定理と同様，点 i は Γ_1, Γ_2, Ω には含まれないとする．また，u_i と仮想応力の関係を考えるため，点 i にも仮想荷重 δP_i を加えると，補仮想仕事の原理 (6.28) から，

$$\int_\Omega (\delta\sigma_x\varepsilon_x + \delta\sigma_y\varepsilon_y + \delta\sigma_z\varepsilon_z + \delta\tau_{yz}\gamma_{yz} + \delta\tau_{zx}\gamma_{zx} + \delta\tau_{xy}\gamma_{xy})dV$$

$$= u_i\delta P_i + \int_{\Gamma_2} (\bar{u}\delta t_1 + \bar{v}\delta t_2 + \bar{w}\delta t_3)dS \tag{6.51}$$

となる．左辺は δB と表せるので，

$$u_i\delta P_i = \delta B - \int_{\Gamma_2} (\bar{u}\delta t_1 + \bar{v}\delta t_2 + \bar{w}\delta t_3)dS \tag{6.52}$$

が得られる．ここで，仮想応力は，荷重境界条件が与えられた境界 Γ_1 以外では，平衡方程式を満たす限り任意の値をとってよい．したがって，点 i 以外ではすべて 0 になる仮想応力を考えると式 (6.52) の右辺第2項は消失するので，

$$u_i\delta P_i = \delta B \tag{6.53}$$

となり，よって，

$$u_i = \frac{\partial B}{\partial P_i} \tag{6.54}$$

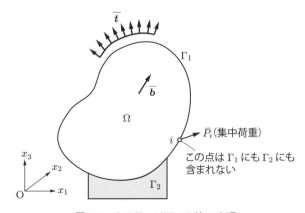

図 6.7 カスティリアノの第2定理

となる．これがカスティリアノの第 2 定理である．右辺は P_i の関数になるため，$\bar{P}_i$ における $\partial B / \partial P_i$ の値を計算することにより，集中外力 $\bar{P}_i$ が与えられた点 i における変位 u_i を計算することができる．

演習問題

6.1　例題 6.1 に対して，レイリー–リッツ法の近似の次数を増減して精度の変化を調べよ．

6.2　例題 6.1 に対して，右端に一様引張荷重ではなく，強制変位をかけた場合について，レイリー–リッツ法と補仮想仕事の仕事の原理を用いて応力場の近似解を求めよ．

2 次元弾性理論

本書では，これまで基本的に 3 次元の弾性論を取り扱ってきた．3 次元の一般的な弾性問題は，前章で示したようなエネルギー法を用い，計算機を併用することにより，近似的に解くことができる．しかし，一般的な 3 次元の弾性問題に制限を加えれば，近似解ではなく厳密解を得ることもできる．

本章では，次元を一つ落として 2 次元とした問題を取り扱う．このような制限を加えることにより，弾性問題は解くのが格段に容易になる．また，2 次元弾性状態は実用構造でもよく見られるため，2 次元弾性理論は実用上の価値も高い．2 次元弾性理論は，「平面応力状態」あるいは「平面ひずみ状態」のどちらかの状態を仮定して論じる[†]．同じ 2 次元弾性理論でも若干の差異があるため，どちらの理論がどのような構造に適しているのか，違いはどこにあるのか，を意識して学習してほしい．

2 次元弾性問題では，x, y 軸方向の変位 u, v を，座標 (x, y) の関数として問題を解く．すなわち，

$$u = u(x, y), \quad v = v(x, y) \tag{7.1}$$

である．ここで，u, v は z 軸方向座標には依存しないことに注意を要する．

7.1 平面応力状態

薄い板に面内荷重（x-y 面内）のみがかかり，かつ板の表面にかかる荷重もない（荷重は側面からしか作用しない）ときを考える（図 7.1）．このとき，板の表面では $\sigma_z = \tau_{yz} = \tau_{zx} = 0$ である．この場合，板が薄いので，板の内部でも，

$$\sigma_z = \tau_{yz} = \tau_{zx} = 0 \tag{7.2}$$

とみなすことができる．また，この際，応力 $\sigma_x, \sigma_y, \tau_{xy}$ は z に依存しない（板厚方向に一定）．このような状態を**平面応力状態**（plain stress）とよぶ．

このような状態のとき，平衡方程式 (2.34) は以下のように簡単になる（ただし，このとき加速度は考えていない）．

[†] もう一つ，軸対称問題も 2 次元弾性理論で扱うことができるが，本書では取り扱わない．

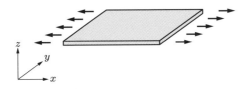

図 7.1 平面応力問題の例

$$\frac{\partial \sigma_x}{\partial x} + \frac{\partial \tau_{xy}}{\partial y} = 0$$
$$\frac{\partial \tau_{yx}}{\partial x} + \frac{\sigma_y}{\partial y} = 0 \tag{7.3}$$

また，一般化フックの法則 (4.35) を使うと，

$$\varepsilon_x = \frac{1}{E}(\sigma_x - \nu \sigma_y)$$
$$\varepsilon_y = \frac{1}{E}(\sigma_y - \nu \sigma_x)$$
$$\varepsilon_z = \frac{1}{E}(-\nu \sigma_x - \nu \sigma_y) \tag{7.4}$$
$$\gamma_{yz} = 0$$
$$\gamma_{zx} = 0$$
$$\gamma_{xy} = \frac{1}{G}\tau_{xy}$$

となる．式 (7.4) を応力について解けば，

$$\sigma_x = \frac{E}{1-\nu^2}(\varepsilon_x + \nu \varepsilon_y), \quad \sigma_y = \frac{E}{1-\nu^2}(\varepsilon_y + \nu \varepsilon_x), \quad \tau_{xy} = G\gamma_{xy} \tag{7.5}$$

となる．ここで，弾性スティフネス行列が 3 次元の式とは違っていることに注意されたい．これは ε_z の影響が式の中に入っているためである．

なお，ひずみについては，式 (7.1) を考慮しつつ，式 (3.10) および式 (3.11) から，

$$\varepsilon_x = \frac{\partial u}{\partial x}, \quad \varepsilon_y = \frac{\partial v}{\partial y}, \quad \gamma_{xy} = \frac{\partial u}{\partial y} + \frac{\partial v}{\partial x} \tag{7.6}$$

となる．また，式 (7.4) のとおり，$\gamma_{yz} = 0, \gamma_{zx} = 0$ である．ところで，残る最後の一つの成分である ε_z についてはどうなるであろうか．式 (7.4) に式 (7.6) を代入すれば，

$$\varepsilon_z = -\frac{\nu}{1-\nu}(\varepsilon_x + \varepsilon_y) \tag{7.7}$$

となることがわかる．一般に平面応力状態のときは，$\sigma_z = 0$ ではあっても，$\varepsilon_z \neq 0$ であることに注意されたい．また，ε_z が z 座標に依存しないことにも注意が必要である．

さらに，ひずみの適合条件式 (3.16) について考えると，以下の 4 式が得られる．

$$\frac{\partial^2 \varepsilon_x}{\partial y^2} + \frac{\partial^2 \varepsilon_y}{\partial x^2} = \frac{\partial^2 \gamma_{xy}}{\partial x \partial y},$$
$$\frac{\partial^2 \varepsilon_z}{\partial y^2} = 0, \quad \frac{\partial^2 \varepsilon_z}{\partial x^2} = 0, \quad \frac{\partial^2 \varepsilon_z}{\partial x \partial y} = 0 \tag{7.8}$$

7.2 平面ひずみ状態

前節で対象とした平板とは逆に，z 軸方向にきわめて厚い，断面が均等な部材を考える（図 7.2）．その端部では z 軸方向変位が拘束され，かつ，部材にかかる荷重が x-y 面内方向に限られ，z によらないとき，その中心付近では z 軸方向の変位 w が拘束されるため 0 となり，以下の式が成立する．

$$\varepsilon_z = \gamma_{yz} = \gamma_{zx} = 0 \tag{7.9}$$

このような状態を**平面ひずみ状態**（plain strain）とよぶ．

このような状態のとき，一般化フックの法則 (4.35) から，応力とひずみの関係を導くと，

$$\varepsilon_x = \frac{1}{E}(\sigma_x - \nu\sigma_y - \nu\sigma_z)$$
$$\varepsilon_y = \frac{1}{E}(\sigma_y - \nu\sigma_x - \nu\sigma_z)$$
$$\varepsilon_z = \frac{1}{E}(\sigma_z - \nu\sigma_x - \nu\sigma_y) = 0 \tag{7.10}$$
$$\gamma_{yz} = 0$$
$$\gamma_{zx} = 0$$
$$\gamma_{xy} = \frac{1}{G}\tau_{xy}$$

となる．ここで，式 (7.10) の第 3 式より，一般に，平面ひずみ状態においては $\varepsilon_z = 0$ であっても，$\sigma_z \neq 0$ であることに注意してほしい．式 (7.10) の第 3 式より，式 (7.10) 第 1 式，第 2 式の σ_z を消去すると，

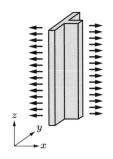

図 7.2 平面ひずみ問題の例

$$\varepsilon_x = \frac{1-\nu^2}{E}\left(\sigma_x - \frac{\nu}{1-\nu}\sigma_y\right), \quad \varepsilon_y = \frac{1-\nu^2}{E}\left(\sigma_y - \frac{\nu}{1-\nu}\sigma_x\right) \tag{7.11}$$

となる．したがって，

$$\bar{E} = \frac{E}{1-\nu^2}, \quad \bar{\nu} = \frac{\nu}{1-\nu} \tag{7.12}$$

とおけば，

$$\varepsilon_x = \frac{1}{\bar{E}}(\sigma_x - \bar{\nu}\sigma_y), \quad \varepsilon_y = \frac{1}{\bar{E}}(\sigma_y - \bar{\nu}\sigma_x) \tag{7.13}$$

と書くことができる．この式は，平面応力状態における式 (7.4) の第 1 式，第 2 式
と同じ形をしているが，その E, ν を $\bar{E}, \bar{\nu}$ で書き換えた形になっている．また，こ
れらの式から，応力をひずみで表すと，

$$\varepsilon_x = \frac{1}{\bar{E}}(\sigma_x - \bar{\nu}\sigma_y), \quad \varepsilon_y = \frac{1}{\bar{E}}(\sigma_y - \bar{\nu}\sigma_x), \quad \gamma_{xy} = \frac{1}{G}\tau_{xy} \tag{7.14}$$

となる．

　平面ひずみ状態における平衡方程式については，σ_z が 0 ではないものの，それ以
外については式 (7.3) と同じになる．すなわち，

$$\frac{\partial \sigma_x}{\partial x} + \frac{\partial \tau_{xy}}{\partial y} = 0$$

$$\frac{\partial \tau_{yx}}{\partial x} + \frac{\partial \sigma_y}{\partial y} = 0 \tag{7.15}$$

$$\frac{\partial \sigma_z}{\partial z} = 0$$

となる．このうち，第 3 式は σ_z が z によらないことを意味している．このため，
式 (7.10) の第 1 式から第 3 式を参照すれば，σ_x, σ_y も z によらず，z 軸方向に一
様となることがわかる．

以上から，平面ひずみ状態においても，弾性率を $\bar{E}, \bar{\nu}$ であると考えることにすれば，平面応力状態とまったく同じ支配方程式になっており，同じ解き方で解けることがわかる．ただし，平面応力状態では式 (7.4) 第 3 式に従って ε_z が 0 でないこと，また，平面ひずみ状態では式 (7.10) 第 3 式に従って σ_z が 0 でないことに注意を要する．

7.3 ▶ エアリの応力関数

7.1 節および 7.2 節では，平面応力状態および平面ひずみ状態における基礎方程式を示した．本節では，それらの 2 次元弾性問題を解くために便利な，**エアリの応力関数**（Airy stress function）を導入する．

エアリの応力関数を使った 2 次元弾性問題の解法では，応力関数 U と三つの応力を，以下のように関係づける．

$$\sigma_x = \frac{\partial^2 U}{\partial y^2}, \quad \sigma_y = \frac{\partial^2 U}{\partial x^2}, \quad \tau_{xy} = -\frac{\partial^2 U}{\partial x \partial y} \tag{7.16}$$

上式は，平衡方程式 (7.3) および (7.15) に代入することによって，平衡方程式を自動的に満足することが容易に確かめられる．つまり，境界条件を満たすような，上記の応力関数 U を発見すれば，2 次元弾性問題を解けるということになる．

ここで，エアリの応力関数（式 (7.16)）を，構成式 (7.14) に代入することにより，ひずみをエアリの応力関数で表すことができる．これを適合条件式 (7.8) に代入することにより，適合条件式をエアリの応力関数を用いて表すことができる．

$$\frac{\partial^4 U}{\partial x^4} + 2\frac{\partial^4 U}{\partial x^2 \partial y^2} + \frac{\partial^4 U}{\partial y^4} = 0 \tag{7.17}$$

これはすなわち，

$$\nabla^2 \cdot \nabla^2 U = \nabla^4 U = 0 \tag{7.18}$$

となる．ここで，∇^2 はラプラシアンである．結果として，エアリの応力関数 U は，**重調和関数**（biharmonic function）でなければならないことになる．2 次元弾性問題は，この重調和方程式 (7.18) を満たす応力関数 U を，与えられた境界条件のもとで解く問題に帰着する．

> ◆コラム◆　調和関数・重調和関数
>
> 　調和関数（harmonic function）とは，以下の式を満たすような関数である．
>
> $$\nabla^2 f = \left(\frac{\partial^2}{\partial x^2} + \frac{\partial^2}{\partial y^2}\right)f = 0 \tag{7.19}$$
>
> 調和関数は，ある点 (x, y) での関数の値 $f(x, y)$ が，そこを中心とした任意の半径の円上の値の平均になっている，どこを見ても周囲と調和している関数，というイメージで考えるとよいと思う．また，定義から明らかであるが，調和関数の和・差・およびスカラー倍は調和関数になっている．一方，重調和関数は，
>
> $$\nabla^2 \cdot \nabla^2 f = \left(\frac{\partial^4}{\partial x^4} + 2\frac{\partial^4}{\partial x^2 \partial y^2} + \frac{\partial^4}{\partial y^4}\right)f = 0 \tag{7.20}$$
>
> を満たす関数のことである．すべての調和関数は重調和関数であるが，重調和関数は調和関数であるとは限らない．

■エアリの応力関数から変位を求める方法　　なお，応力関数 U から応力を求めるのは容易であるが，変位を求めるには少々工夫が必要である．式 (7.6) を式 (7.4) に代入して，$E = 2G(1 + \nu)$ の関係（式 (4.34)）を用いれば[†]，

$$2G\frac{\partial u}{\partial x} = -\sigma_y + \frac{1}{1+\nu}(\sigma_x + \sigma_y) \tag{7.21}$$

$$2G\frac{\partial v}{\partial y} = -\sigma_x + \frac{1}{1+\nu}(\sigma_x + \sigma_y) \tag{7.22}$$

となる．ここで，式 (7.16) を考えると，

$$\sigma_x + \sigma_y = \left(\frac{\partial^2}{\partial x^2} + \frac{\partial^2}{\partial y^2}\right)U \tag{7.23}$$

となるから，$\sigma_x + \sigma_y$ は調和関数になる（U は重調和関数だから）．また，調和関数の微分は調和関数になるから，φ を新しい調和関数として，

$$\sigma_x + \sigma_y = \frac{\partial^2 \varphi}{\partial x \partial y} \tag{7.24}$$

とおくことができる．上式を式 (7.21), (7.22) に代入したのち，両辺を x あるいは y で積分すれば，

[†]　平面ひずみ状態のときは E を $\bar{E}$ に，ν を $\bar{\nu}$ に置き換えること．

$$2Gu = -\frac{\partial U}{\partial x} + \frac{1}{1+\nu}\frac{\partial \varphi}{\partial y} \tag{7.25}$$

$$2Gv = -\frac{\partial U}{\partial y} + \frac{1}{1+\nu}\frac{\partial \varphi}{\partial x} \tag{7.26}$$

となる．ここで，$\nabla^4 U = 0, \nabla^2 \varphi = 0$ であり，式 (7.24) に式 (7.16) の関係を代入すれば，φ と U の間には

$$\nabla^2 U = \frac{\partial^2 \varphi}{\partial x \partial y} \tag{7.27}$$

の関係が成立することがわかる．

すなわち，新たに導入した変数 φ は独立量ではなく，式 (7.27) により決定される従属量であることがわかる．よって，エアリの応力関数 U さえ求められれば，式 (7.27) により φ が決定され，結果的に式 (7.25), (7.26) により変位 u, v が求められる．

例題 7.1 エアリの応力関数として

$$U = Ay^2 \quad \left(|y| \le \frac{h}{2}\right) \tag{7.28}$$

なる関数を考える．なお，A は未知定数とする．このエアリの応力関数がどのような応力状態を表しているか答えよ．また，変位を求めよ．

解答 このとき，U は式 (7.18) を満たすことは明らかである．$\sigma_x, \sigma_y, \tau_{xy}$ は式 (7.16) より，

$$\sigma_x = 2A, \quad \sigma_y = 0, \quad \tau_{xy} = 0 \tag{7.29}$$

となる．ここで，$A = \sigma_0/2$ とすると，

$$\sigma_x = \sigma_0 \tag{7.30}$$

となり，図 7.3 のような x 軸方向に一様に引っ張られた幅 h の帯板の解を表すことになる．

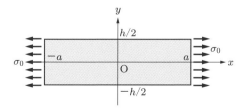

図 7.3　帯板の引張問題

変位の計算については，

$$U = \sigma_0 \frac{y^2}{2} \tag{7.31}$$

より，これを式 (7.27) に代入して，

$$\sigma_0 = \frac{\partial^2 \varphi}{\partial x \partial y} \tag{7.32}$$

となる．両辺を x および y で積分すると，

$$\varphi = \sigma_0 \cdot xy + f(x) + g(y) + c \tag{7.33}$$

となり，ここで，$f(x), g(y)$ はそれぞれ x のみ，y のみの関数で，c は未知定数である．xy は調和関数であるから，$f(x) = g(y) = 0$ とおけば，

$$\varphi = \sigma_0 \cdot xy \tag{7.34}$$

となる．式 (7.25), (7.26) に上式の φ を代入すると，

$$u = \frac{\sigma_0}{E}x, \quad v = -\nu \frac{\sigma_0}{E}y \tag{7.35}$$

のように変位が得られる．

例題 7.2 図 7.4 のように，帯板の両端に単純曲げがかかるような問題を考える．ただし，帯板の高さを h，板の厚さを b とする．このような応力状態を表すエアリの応力関数を求めよ．また，このとき，変位はどのようになるか．

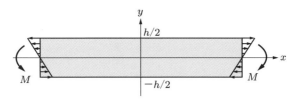

図 7.4 帯板の単純曲げの問題

解答 材料力学で学んだとおり，単純曲げの変形では，応力は y 軸方向に対して線形に変化する．したがって，応力を

$$\sigma_x = Cy \quad \left(|y| \leq \frac{h}{2}\right)$$

とおく．このとき，曲げモーメントを計算すると，

$$M = \int_{-h/2}^{h/2} \sigma_x yb\,dy = \int_{-h/2}^{h/2} Cy^2 b\,dy = \frac{C}{12}bh^3$$

となる．よって，

$$C = \frac{12M}{bh^3}$$

となる．これにより，応力分布は

$$\sigma_x = \frac{12M}{bh^3}y, \quad \sigma_y = 0, \quad \tau_{xy} = 0 \tag{7.36}$$

となるから，一様曲げの応力分布を表現するエアリの応力関数は，

$$U = \frac{2M}{bh^3}y^3 \quad \left(|y| \leq \frac{h}{2}\right) \tag{7.37}$$

となる．

なお，変位については，

$$u = \frac{12M}{Ebh^3}xy, \quad v = -\frac{6M}{Ebh^3}(x^2 + \nu y^2) \tag{7.38}$$

となる（→ 導出は演習問題 7.1 を参照）．

7.4 極座標系におけるエアリの応力関数

軸対称形状に対する応力解析や，円孔まわりの応力の解析には，極座標系でエアリの応力関数を定義しておくと便利である．2.6 節で，3 次元の円柱座標系に対する応力の平衡方程式 (2.48) を算出しておいた．2 次元弾性問題では，$\tau_{rz} = \tau_{\theta z} = 0$ であり，$\partial \sigma_z / \partial z = 0$ であるから，極座標系における平衡方程式は，

$$\frac{\partial \sigma_r}{\partial r} + \frac{\partial \tau_{\theta r}}{r \partial \theta} + \frac{\sigma_r - \sigma_\theta}{r} = 0$$

$$\frac{\partial \sigma_\theta}{r \partial \theta} + \frac{\partial \tau_{r\theta}}{\partial r} + \frac{2\tau_{r\theta}}{r} = 0 \tag{7.39}$$

となる．

一方，3.7 節では，ひずみと変位の関係を 3 次元の円柱座標系で考えた．2 次元弾性問題では，$\varepsilon_r, \varepsilon_\theta, \gamma_{r\theta}$ のみを考えればよいから，

$$\varepsilon_r = \frac{\partial u_r}{\partial r}$$

$$\varepsilon_\theta = \frac{u_r}{r} + \frac{\partial u_\theta}{r \partial \theta}$$

$$\gamma_{r\theta} = \frac{\partial u_r}{r \partial \theta} + \frac{\partial u_\theta}{\partial r} - \frac{u_\theta}{r} \tag{7.40}$$

となる．

構成式については，r, θ の座標はつねに直交するから，式 (7.4) の添字 x, y を r, θ に換えることにより得られ，

$$\varepsilon_r = \frac{1}{E}(\sigma_r - \nu\sigma_\theta), \quad \varepsilon_\theta = \frac{1}{E}(\sigma_\theta - \nu\sigma_r), \quad \gamma_{r\theta} = \frac{1}{G}\tau_{r\theta} \tag{7.41}$$

となる†.

さて，極座標系に対する応力関数 U と応力成分の関係を導くために，極座標系に関する応力 $\sigma_r, \sigma_\theta, \tau_{r\theta}$ を直交座標系 $x\text{-}y$ における応力 $\sigma_x, \sigma_y, \tau_{xy}$ により表してみよう．両者の関係は座標変換により得られる．テンソルの座標変換式 (1.37) から，

$$\begin{aligned}
\sigma_r &= \sigma_x \cos^2\theta + \sigma_y \sin^2\theta + \tau_{xy}\sin 2\theta \\
\sigma_\theta &= \sigma_x \sin^2\theta + \sigma_y \cos^2\theta - \tau_{xy}\sin 2\theta \\
\tau_{r\theta} &= \frac{1}{2}(\sigma_y - \sigma_x)\sin 2\theta + \tau_{xy}\cos 2\theta
\end{aligned} \tag{7.42}$$

となり，これらの式に式 (7.16) を代入して，極座標系に関する応力成分を，応力関数 U により表すと，

$$\begin{aligned}
\sigma_r &= \left(\cos^2\theta \frac{\partial^2}{\partial y^2} + \sin^2\theta \frac{\partial^2}{\partial x^2} - \sin 2\theta \frac{\partial^2}{\partial x \partial y}\right)U \\
\sigma_\theta &= \left(\sin^2\theta \frac{\partial^2}{\partial y^2} + \cos^2\theta \frac{\partial^2}{\partial x^2} + \sin 2\theta \frac{\partial^2}{\partial x \partial y}\right)U \\
\tau_{r\theta} &= \left\{\frac{1}{2}\sin 2\theta\left(\frac{\partial^2}{\partial x^2} - \frac{\partial^2}{\partial y^2}\right) - \cos 2\theta \frac{\partial^2}{\partial x \partial y}\right\}U
\end{aligned} \tag{7.43}$$

となる．さらに，x, y に関する微分を r, θ に関する微分に置き換えるために，関係式

$$r^2 = x^2 + y^2, \quad \theta = \arctan\frac{y}{x} \tag{7.44}$$

用いると，以下の関係式を得る．

$$\frac{\partial r}{\partial x} = \cos\theta, \quad \frac{\partial r}{\partial y} = \sin\theta, \quad \frac{\partial \theta}{\partial x} = -\frac{\sin\theta}{r}, \quad \frac{\partial \theta}{\partial y} = \frac{\cos\theta}{r} \tag{7.45}$$

これらの式と合成関数の微分則より，x, y 軸方向への偏微分は，r, θ 系の偏微分を用いて以下のように書き換えられる．

---

†　平面ひずみ状態のときは E を $\bar{E}$ に，ν を $\bar{\nu}$ に置き換えること.

$$\frac{\partial}{\partial x} = \frac{\partial}{\partial r} \cdot \frac{\partial r}{\partial x} + \frac{\partial}{\partial \theta} \cdot \frac{\partial \theta}{\partial x} = \cos\theta \frac{\partial}{\partial r} - \frac{\sin\theta}{r} \cdot \frac{\partial}{\partial \theta}$$
$$\frac{\partial}{\partial y} = \frac{\partial}{\partial r} \cdot \frac{\partial r}{\partial y} + \frac{\partial}{\partial \theta} \cdot \frac{\partial \theta}{\partial y} = \sin\theta \frac{\partial}{\partial r} + \frac{\cos\theta}{r} \cdot \frac{\partial}{\partial \theta} \tag{7.46}$$

式 (7.46) を式 (7.43) に代入して整理すれば，以下の関係式を得る.

$$\sigma_r = \frac{1}{r}\frac{\partial U}{\partial r} + \frac{1}{r^2}\frac{\partial^2 U}{\partial \theta^2}$$
$$\sigma_\theta = \frac{\partial^2 U}{\partial r^2} \tag{7.47}$$
$$\tau_{r\theta} = \frac{1}{r^2}\frac{\partial U}{\partial \theta} - \frac{1}{r}\frac{\partial^2 U}{\partial r \partial \theta}$$

ただし，応力関数 U は座標系 x-y での解析と同様に重調和関数であり，

$$\nabla^4 U = \nabla^2 \cdot \nabla^2 U = 0 \tag{7.48}$$

を満たす．ラプラシアン ∇^2 を極座標系で表すと，

$$\nabla^2 = \frac{\partial^2}{\partial x^2} + \frac{\partial^2}{\partial y^2} = \frac{\partial^2}{\partial r^2} + \frac{1}{r} \cdot \frac{\partial}{\partial r} + \frac{1}{r^2} \cdot \frac{\partial^2}{\partial \theta^2} \tag{7.49}$$

となる.

■エアリの応力関数から変位を求める方法

r, θ 軸方向への変位 u_r, u_θ を座標系 x-y の変位 u, v で表すと，

$$u_r = u\cos\theta + v\sin\theta, \quad u_\theta = -u\sin\theta + v\cos\theta \tag{7.50}$$

であるから，これらの関係に式 (7.25), (7.26) を代入し，

$$\frac{\partial U}{\partial x}\cos\theta + \frac{\partial U}{\partial y}\sin\theta = \frac{\partial U}{\partial r}, \quad \frac{\partial U}{\partial x}\sin\theta - \frac{\partial U}{\partial y}\cos\theta = -\frac{\partial U}{r\partial \theta} \tag{7.51}$$

となることを考慮して書き換えると，以下の関係式を得る.

$$2Gu_r = -\frac{\partial U}{\partial r} + \frac{1}{1+\nu}\xi, \quad 2Gu_\theta = -\frac{\partial U}{r\partial \theta} + \frac{1}{1+\nu}\eta \tag{7.52}$$

$$\xi = \frac{\partial \varphi}{\partial y}\cos\theta + \frac{\partial \varphi}{\partial x}\sin\theta, \quad \eta = -\frac{\partial \varphi}{\partial y}\sin\theta + \frac{\partial \varphi}{\partial x}\cos\theta \tag{7.53}$$

ここで，新たな関数 ξ と η を導入した．さらに，これら二つの関数と

$$\xi = \frac{\partial}{\partial \theta}(r\phi), \quad \eta = r^2\frac{\partial \phi}{\partial r} \tag{7.54}$$

の関係を満足するような関数 ϕ を仮定することができ，この関数 ϕ は調和関数となる．

式 (7.54) を式 (7.52) に代入すれば，

$$
\begin{aligned}
2Gu_r &= -\frac{\partial U}{\partial r} + \frac{1}{1+\nu} r \frac{\partial \phi}{\partial \theta} \\
2Gu_\theta &= -\frac{\partial U}{r\partial \theta} + \frac{1}{1+\nu} r^2 \frac{\partial \phi}{\partial r}
\end{aligned}
\tag{7.55}
$$

となるから，応力関数 U および ϕ より変位 u_r, u_θ を求めるための式が得られることがわかる．

よって，座標系 x-y での解析において応力関数 U, φ を求めた代わりに，極座標系では U と ϕ を求めればよいことになる．応力関数と応力・変位の関係式は，それぞれ式 (7.47), (7.55) となる．

なお，式 (7.54) より，U と ϕ の関係は以下の式で示される．

$$
\nabla^2 U = \frac{\partial^2}{\partial r \partial \theta}(r\phi)
\tag{7.56}
$$

よって，応力関数 U が求められたのち，式 (7.56) を r および θ で積分することにより，関数 ϕ が求められることがわかる．

例題 7.3 エアリの応力関数 U を，

$$
U = Ar^2 \quad (r \le a)
\tag{7.57}
$$

とおいたとき，この応力関数はどのような応力状態，変位状態を表すか答えよ．

解答 ここで，U は明らかに重調和関数である．式 (7.47) より，

$$
\sigma_r = 2A, \quad \sigma_\theta = 2A, \quad \tau_{r\theta} = 0
\tag{7.58}
$$

となる．そこで，$2A = -p$ とおけば，

$$
\sigma_r|_{r=a} = -p, \quad \tau_{r\theta}|_{r=a} = 0
\tag{7.59}
$$

となるから，この解は半径 a の円板の外周に一様な圧力（垂直応力）p が作用している場合を表していることがわかる（図 7.5）．

なお，r, θ 軸方向への変位 u_r, u_θ は

$$
u_r = -\frac{1-\nu}{E} pr, \quad u_\theta = 0
\tag{7.60}
$$

となる（→ 導出は演習問題 7.2 を参照）．

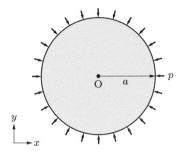

図 7.5 外周に一様な圧力を受ける円板

例題 7.4 エアリの応力関数 U が

$$U = B \log r \quad (r \geq a)$$ (7.61)

と表せるとき,この応力関数の表す応力状態と変形はどのようになるか.

解答 式 (7.47) を用いて応力成分を求めると,

$$\sigma_r = \frac{B}{r^2}, \quad \sigma_\theta = -\frac{B}{r^2}, \quad \tau_{r\theta} = 0$$ (7.62)

である.これは,図 7.6 に示すような中央に円孔をもつ無限板(無限に広がる板)に内圧をかけたときの応力状態に相当する.

円孔をもつ無限板の孔縁に圧力 p がかかっているとすると,ここで境界条件は

$$\sigma_r|_{r=a} = -p$$ (7.63)

となるから,未定係数 B は $B = -pa^2$ となる.

なお,r, θ 軸方向への変位 u_r, u_θ は

$$u_r = \frac{a^2}{2Gr}p, \quad u_\theta = 0$$ (7.64)

となる(→ 導出は演習問題 7.3 を参照).

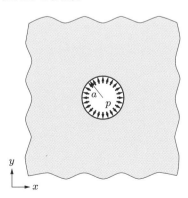

図 7.6 円孔面に内圧が作用する無限板

7.5　内外圧を受ける円板

　内外圧を受ける，孔の空いたドーナツ状の同心円板（図 7.7）の解析について考えよう．この場合の解は，円板に外圧が作用する場合（例題 7.3）と，円孔をもつ板に内圧が作用する場合（例題 7.4）の重ね合わせで表現できる．よって，応力関数 U を

$$U = Ar^2 + B \log r \quad (a \le r \le b) \tag{7.65}$$

とおくことにする．応力成分は，式 (7.47) より

$$\sigma_r = 2A + \frac{B}{r^2}, \quad \sigma_\theta = 2A - \frac{B}{r^2}, \quad \tau_{r\theta} = 0 \tag{7.66}$$

のように求められる．境界条件は

$$\sigma_r|_{r=a} = -p_1, \quad \sigma_r|_{r=b} = -p_2 \tag{7.67}$$

であるから，

$$2A + \frac{B}{a^2} = -p_1, \quad 2A + \frac{B}{b^2} = -p_2 \tag{7.68}$$

が成り立つ．両式を未定係数 A, B について解けば

$$A = \frac{p_1 a^2 - p_2 b^2}{2(b^2 - a^2)}, \quad B = \frac{a^2 b^2}{b^2 - a^2}(p_2 - p_1) \tag{7.69}$$

となり，応力成分を求めると

$$\sigma_r = \frac{a^2}{b^2 - a^2}\left\{ \left(1 - \frac{b^2}{r^2}\right)p_1 - \left(\frac{b^2}{a^2} - \frac{b^2}{r^2}\right)p_2 \right\} \tag{7.70}$$

$$\sigma_\theta = \frac{a^2}{b^2 - a^2}\left\{ \left(1 + \frac{b^2}{r^2}\right)p_1 - \left(\frac{b^2}{a^2} + \frac{b^2}{r^2}\right)p_2 \right\} \tag{7.71}$$

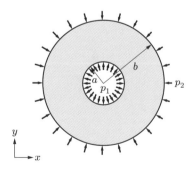

図 7.7　内外圧を受ける円板

となる．応力関数 ϕ については，式 (7.56) により，$\phi = 4A\theta$ となる．よって，変位 u_r は以下のように求められる．

$$u_r = \frac{1-\nu}{E} \cdot \frac{a^2 p_1 - b^2 p_2}{b^2 - a^2} r + \frac{1+\nu}{E} \cdot \frac{a^2 b^2 (p_1 - p_2)}{b^2 - a^2} \cdot \frac{1}{r} \tag{7.72}$$

7.6 円孔まわりの応力集中

本節では，エアリの応力関数を用いた解法を使って，円孔をもつ板の応力集中について述べる．無限板について考える．欠陥や孔などのない無限板を x 軸方向に一様に応力 $\sigma_x = \sigma_0$ で引っ張れば，x 軸方向の応力は当然ながら一様（σ_0）であるが，図 7.8 のように円孔が存在すると，そのまわりで応力の分布は乱される．エアリの応力関数を用いて，このような問題の応力場を解析してみよう．

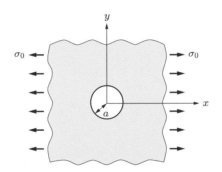

図 7.8　円孔をもつ無限板の引張

円孔中心に原点をとり，極座標系を定義する．この問題の境界条件は，円孔縁（$r = a$）において $\sigma_r = 0$, $\tau_{r\theta} = 0$，および，円孔から離れた無限遠において $\sigma_x = \sigma_0$, $\sigma_y = 0$, $\tau_{xy} = 0$ である．後者の境界条件を極座標系に書き換えると，式 (7.42) から，

$$\sigma_r = \sigma_0 \cos^2 \theta, \quad \sigma_\theta = \sigma_0 \sin^2 \theta, \quad \tau_{r\theta} = -\sigma_0 \sin\theta \cos\theta \tag{7.73}$$

となる．ここで，式 (7.73) は三角関数の性質を利用して，以下のように変形できる．

$$\sigma_r = \frac{\sigma_0}{2} + \frac{\sigma_0}{2}\cos 2\theta, \quad \sigma_\theta = \frac{\sigma_0}{2} - \frac{\sigma_0}{2}\cos 2\theta, \quad \tau_{r\theta} = -\frac{\sigma_0}{2}\sin 2\theta \tag{7.74}$$

ここでは円孔をもつ無限板の問題を，以下の二つの問題の重ね合わせとして考えることとする[†]．

---

† 支配方程式がすべて線形であるので，解を重ね合わせとして得ることができる．

(1) $r = a$ にて $\sigma_r = 0$, $\tau_{r\theta} = 0$ で，無限遠で $\sigma_r = \sigma_0/2$, $\sigma_\theta = \sigma_0/2$, $\tau_{r\theta} = 0$ が作用する円板の問題

(2) $r = a$ にて $\sigma_r = 0$, $\tau_{r\theta} = 0$ で，無限遠で $\sigma_r = (\sigma_0/2)\cos 2\theta$, $\sigma_\theta = (-\sigma_0/2)\cos 2\theta$, $\tau_{r\theta} = (-\sigma_0/2)\sin 2\theta$ が作用する円板の問題

このうち，問題 (1) についてはすでに 7.5 節にて紹介した，内外圧を受ける円板の問題の，内圧を 0，外圧を無限遠としたときに相当する．式 (7.65) で $p_1 = 0$，$p_2 = -\sigma_0/2$, $b \to \infty$ とすればよい．したがって，

$$U_1 = \frac{\sigma_0}{4}r^2 - \frac{\sigma_0}{2}a^2 \log r \tag{7.75}$$

とすれば境界条件を満たすことができる．よって，

$$\sigma_{r1} = \frac{\sigma_0}{2}\left(1 - \frac{a^2}{r^2}\right), \quad \sigma_{\theta 1} = \frac{\sigma_0}{2}\left(1 + \frac{a^2}{r^2}\right), \quad \tau_{r\theta 1} = 0 \tag{7.76}$$

となる．

一方，問題 (2) については，エアリの応力関数の形を

$$U_2 = \sigma_0\left(-\frac{r^2}{4} - \frac{a^4}{4}r^{-2} + \frac{a^2}{2}\right)\cos 2\theta \tag{7.77}$$

とすればよい．これより，

$$\begin{aligned}
\sigma_{r2} &= \frac{\sigma_0}{2}\left(1 + \frac{3a^4}{r^4} - \frac{4a^2}{r^2}\right)\cos 2\theta \\
\sigma_{\theta 2} &= -\frac{\sigma_0}{2}\left(1 + \frac{3a^4}{r^4}\right)\cos 2\theta \\
\tau_{r\theta 2} &= -\frac{\sigma_0}{2}\left(1 - \frac{3a^4}{r^4} + \frac{2a^2}{r^2}\right)\sin 2\theta
\end{aligned} \tag{7.78}$$

となる．

式 (7.76) と (7.78) の和が円孔をもつ無限板の応力分布であり，

$$\begin{aligned}
\sigma_r &= \frac{\sigma_0}{2}\left\{1 - \frac{a^2}{r^2} + \left(1 + \frac{3a^4}{r^4} - \frac{4a^2}{r^2}\right)\cos 2\theta\right\} \\
\sigma_\theta &= \frac{\sigma_0}{2}\left\{1 + \frac{a^2}{r^2} - \left(1 + \frac{3a^4}{r^4}\right)\cos 2\theta\right\} \\
\tau_{r\theta} &= -\frac{\sigma_0}{2}\left(1 - \frac{3a^4}{r^4} + \frac{2a^2}{r^2}\right)\sin 2\theta
\end{aligned} \tag{7.79}$$

となる．

$\theta = \pi/2$ の部分の σ_θ を見れば，円孔の中心を通る y 軸上の引張応力となる.

$$\sigma_x(y,0) = \frac{\sigma_0}{2}\left(2 + \frac{a^2}{y^2} + 3\frac{a^4}{y^4}\right) \tag{7.80}$$

これをグラフとして表すと，図 7.9 となる．最大引張応力は，孔縁の $y = a$, $y = -a$ の位置で生じ，

$$\sigma_{\max} = 3\sigma_0 \tag{7.81}$$

となる．σ_x は孔縁で尖った形の分布形状を示し，孔縁から遠ざかるにつれて急激に減少し，σ_0 へと漸近する．このような現象を**応力集中**（stress concentration）という.

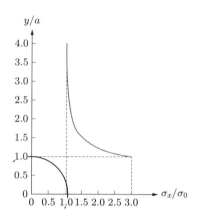

図 7.9　円孔縁での応力集中の様子

結局，円孔がなければ σ_0 であった応力が，円孔の存在により $3\sigma_0$ へと上昇したことになる．この応力の上昇率

$$\alpha = \frac{\sigma_{\max}}{\sigma_0} = 3 \tag{7.82}$$

を**応力集中係数**という．また，応力集中係数算出の基準となる応力 σ_0 を基準応力とよぶ.

演習問題

7.1 例題 7.2 で紹介した,帯板の単純曲げの変位場(式 (7.38))を導出せよ.

7.2 例題 7.3 で紹介した,等分布圧力を受ける円板の変位場(式 (7.60))を導出せよ.

7.3 例題 7.4 で紹介した,円孔面に内圧が作用する無限板の変位場(式 (7.64))を導出せよ.

7.4 図 7.8 に示された,円孔の存在する板に一様引張応力 σ_0 をかける問題について,円孔の内面に一様な圧力 p がかかっているとする.このとき,エアリの応力関数,各点での r 軸方向,θ 軸方向応力成分を求めよ.また,円孔縁の応力集中係数は,内圧 p によってどのように変化するか述べよ.

7.5 図 7.10 のように,中央に半径 a の円孔をもち,無限遠で x 軸方向に一様な引張応力 σ_A,y 軸方向に一様な引張応力 σ_B を受ける無限板について,エアリの応力関数を

$$U = \frac{1}{4}\sigma_A r^2(1 - \cos 2\theta) + \frac{1}{4}\sigma_B r^2(1 + \cos 2\theta)$$
$$+ A \log r + B\frac{\cos 2\theta}{r^2} + C\cos 2\theta$$

とする.このとき,円孔縁,無限遠での境界条件を使って定数 A, B, C を決定し,極座標系の応力成分を求めよ.また,円孔縁での周方向応力 σ_θ の分布を求めよ.

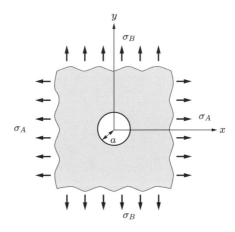

図 7.10 円孔をもつ無限板に対する二軸引張

7.6 演習問題 7.5 で $\sigma_A = \sigma_B$ としたとき,応力集中係数はいくつになるか.

第8章 薄板の曲げ理論

前章では，平面応力状態，平面ひずみ状態を考え，問題を 2 次元に絞ることによって方程式を解きやすくし，エアリの応力関数を用いて応力解析が可能であることを示した．本章では，前章と同じく，薄板を扱うことにより問題を 2 次元に絞るが，**面外方向の変形を許容し，これを主な解析対象とする**．このようにすることにより，方程式の数を減らしつつ，薄板を面外方向へ曲げる問題を扱うことができる．このような理論を板理論（plate theory）とよぶ．航空機の外板など，薄板で構成された機械部品は数多く存在するため，本章の内容はこれらの解析を行う際には直接的に役立つ．

図 8.1 に本章で扱う問題の概念図を示す．ここで，平面方向の寸法 a, b より板厚方向の寸法 h が十分に小さい場合に，本章の理論が適用できる．

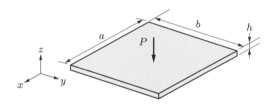

図 8.1 薄板問題の例

8.1 平板の曲げの基礎式

本節では，平板の曲げの基礎式を導出する．本書でこれまで 3 次元固体に対して行ってきたのと同じ順番，すなわち，第 2, 3, 4 章の順に従って論を進める．まず，平板の力学的な状態を表す合応力，モーメントを定義する．また，合応力とモーメントの間に成り立たなければならない関係式，すなわち平衡方程式を導出する．次に，平板の変形状態を表すためにキルヒホッフの仮定を導入し，これを用いてひずみを変形する．最後に，構成式を導入したうえで板曲げの諸式を統合し，曲げの基礎式を導出する．

8.1.1　合応力

　板理論では，板厚の小さい板を取り扱う．このため，板厚方向の応力を各点ごとに取り扱うと煩雑である．そこで，板厚方向に積分した値を用いる．これを**合応力**（stress resultant）という．

　x-y 面内については，

$$T_x = \int_{-h/2}^{h/2} \sigma_x dz, \quad T_y = \int_{-h/2}^{h/2} \sigma_y dz, \quad T_{xy} = \int_{-h/2}^{h/2} \tau_{xy} dz \tag{8.1}$$

と定義する（図8.2）．また，面外せん断方向については，

$$Q_x = \int_{-h/2}^{h/2} \tau_{zx} dz, \quad Q_y = \int_{-h/2}^{h/2} \tau_{yz} dz \tag{8.2}$$

と定義する．これらの合応力については「応力を板厚方向に積分した」という見方もできるし，「単位幅あたりにかかる荷重」という見方もできる．単位としては，SI系では [Pa·m]，[MPa·mm]，[N/m] などと，長さを含んだ単位になる．

　しかし，これらの値だけでは，面を回転させるタイプの変形に対応することができない．このため，面を回転させるタイプの変形については，モーメントを以下のように定義する（図8.3）．

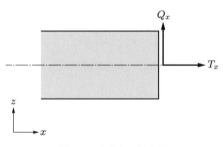

図8.2　合応力の概念図

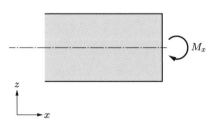

図8.3　モーメントの概念図

$$M_x = \int_{-h/2}^{h/2} z\sigma_x dz, \quad M_y = \int_{-h/2}^{h/2} z\sigma_y dz, \quad M_{xy} = \int_{-h/2}^{h/2} z\tau_{xy} dz \quad (8.3)$$

ここで，M_{xy} についてはわかりづらいが，断面をねじる方向のモーメントである．板理論では，これらの合応力およびモーメントを用いて弾性問題の解析を行う．

各方向の合応力とモーメントの方向については，図 8.4 を参照されたい．なお，ここでは合応力，モーメントがかかる面とかかる方向を強調するため，T_{yx}，M_{yx} と表示されているが，定義式から明らかなとおり，$T_{xy} = T_{yx}$，$M_{xy} = M_{yx}$ である．

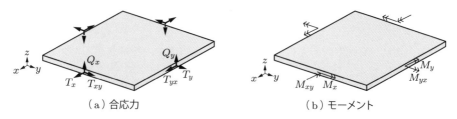

（a）合応力 （b）モーメント

図 8.4 各方向の合応力およびモーメント

8.1.2 平衡方程式

さて，3 次元の弾性問題の場合は，微小な六面体を考え，その力の釣り合いを考えることによって平衡方程式を導出した．薄板でもまったく同様に，微小部分を考え，そこに働く力の釣り合いを考え，平衡方程式を導出する．ただし，薄板においては，前項で導入した合応力，モーメントを用いて定式化を行う．このため，板厚方向については薄板全体を考える．

図 8.5 に微小六面体を示す．ここには x 軸方向の力を描き込んである．なお，q_x は，x 軸方向の体積力を板厚方向に積分した力である．これを参照すると，x 軸方向の力の釣り合いは，

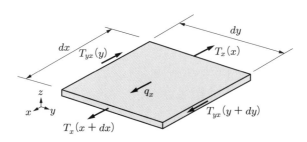

図 8.5 微小六面体と x 軸方向の力

$$T_x(x+dx)dy - T_x(x)dy + T_{yx}(y+dy)dx - T_{yx}(y)dx + q_x dxdy = 0$$

であり，まったく同様に y 軸方向の力の釣り合いは，

$$T_{xy}(x+dx)dy - T_{xy}(x)dy + T_y(y+dy)dx - T_y(y)dx + q_y dxdy = 0$$

である．両者を $dxdy$ で割って，$dx \to 0$, $dy \to 0$ の極限をとることにより，x-y 平面での平衡方程式は，

$$\frac{\partial T_x}{\partial x} + \frac{\partial T_{xy}}{\partial y} + q_x = 0$$
$$\frac{\partial T_{xy}}{\partial x} + \frac{\partial T_y}{\partial y} + q_y = 0$$

$$(8.4)$$

となる．次に，z 軸方向の力の釣り合いは，z 軸方向の力を描き込んだ図 8.6 を参照して，

$$Q_x(x+dx)dy - Q_x(x)dy + Q_y(y+dy)dx + Q_y(y)dx + q_z dxdy = 0$$

となる．なお，q_z は，z 軸方向の体積力を板厚方向に積分した力である．全体を $dxdy$ で割って，$dx \to 0$, $dy \to 0$ の極限をとることにより，z 軸方向の平衡方程式は，

$$\frac{\partial Q_x}{\partial x} + \frac{\partial Q_y}{\partial y} + q_z = 0$$

$$(8.5)$$

となる．

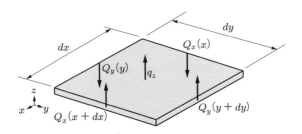

図 8.6　微小六面体と z 軸方向の力

また，x 軸まわり，y 軸まわりのモーメントの釣り合いを考える．ここで，微小六面体のモーメントを記した図 8.7 を参照して，図中の左端板厚中央の点 P まわりでのモーメントを考えることにより，

$$M_x(x+dx)dy - M_x(x)dy + M_{xy}(y+dy)dx - M_{xy}(y)dx$$
$$- Q_x(x+dx)dxdy + m_x dxdy = 0$$

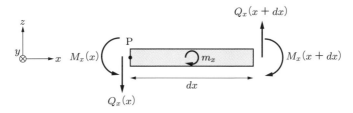

図 8.7　x 軸方向のモーメントの釣り合い

$$M_{xy}(x+dx)dy - M_{xy}(x)dy + M_y(y+dy)dx - M_y(y)dx$$
$$- Q_y(x+dy)dxdy + m_ydxdy = 0$$

が得られる．ただしここで，m_x, m_y は体積力によって発生する分布モーメントである．全体を $dxdy$ で割って，$dx \to 0$, $dy \to 0$ の極限をとることにより，モーメントに関する平衡方程式は，

$$\frac{\partial M_x}{\partial x} + \frac{\partial M_{xy}}{\partial y} - Q_x + m_x = 0$$
$$\frac{\partial M_{xy}}{\partial x} + \frac{\partial M_y}{\partial y} - Q_y + m_y = 0$$

(8.6)

となる．よって，薄板の平衡方程式は，式 (8.4)〜(8.6) となる．

8.1.3　変形とひずみ

　板が薄いため，変形において以下の仮定を与える．「変形前に中央面に垂直な直線上の点は，変形後も変形した中央面の法線上にある．」図 8.8 に具体的な状態を示している．これをキルヒホッフ（Kirchhoff）の仮定といい，板厚が小さい場合には成立する．

　このような仮定をおいたとき，中央面の変位を (u_0, v_0, w) とすると，板内の任意の点の変位は，

$$u = u_0 - z\frac{\partial w}{\partial x}, \quad v = v_0 - z\frac{\partial w}{\partial y}$$

(8.7)

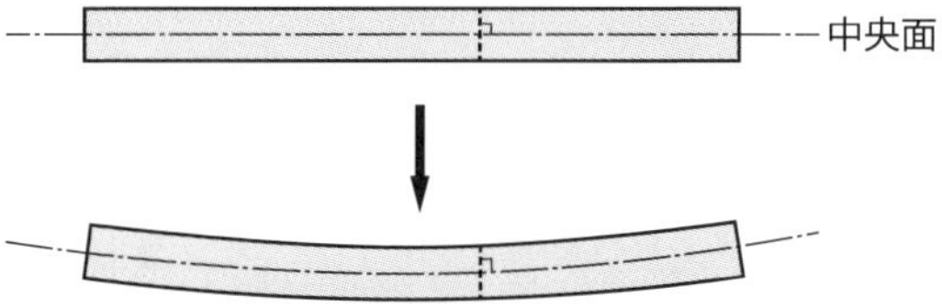

ー中央面

図 8.8　キルヒホッフの仮定

と表すことができる．これにより，板内の任意の点のひずみは以下のように表せる．

$$\varepsilon_x = \frac{\partial u}{\partial x} = \frac{\partial u_0}{\partial x} - z\frac{\partial^2 w}{\partial x^2}$$

$$\varepsilon_y = \frac{\partial v}{\partial y} = \frac{\partial v_0}{\partial y} - z\frac{\partial^2 w}{\partial y^2} \tag{8.8}$$

$$\gamma_{xy} = \frac{\partial u}{\partial y} + \frac{\partial v}{\partial x} = \left(\frac{\partial u_0}{\partial y} + \frac{\partial v_0}{\partial x}\right) - 2z\frac{\partial^2 w}{\partial x \partial y}$$

8.1.4 構成式（応力－ひずみ関係）

次に，構成式を考える．ここでは薄板構造であるので，$\sigma_z = 0$ としてよい．一般化フックの法則は，平面応力の場合（式 (7.4)）と同様になる．したがって，

$$\varepsilon_x = \frac{1}{E}(\sigma_x - \nu\sigma_y), \quad \varepsilon_y = \frac{1}{E}(\sigma_y - \nu\sigma_x),$$

$$\gamma_{xy} = \frac{1}{G}\tau_{xy}, \quad \gamma_{yz} = \frac{1}{G}\tau_{yz}, \quad \gamma_{zx} = \frac{1}{G}\tau_{zx} \tag{8.9}$$

となる．これを σ_x 等について解けば，

$$\sigma_x = \frac{E}{1-\nu^2}(\varepsilon_x + \nu\varepsilon_y), \quad \sigma_y = \frac{E}{1-\nu^2}(\varepsilon_y + \nu\varepsilon_x),$$

$$\tau_{xy} = G\gamma_{xy}, \quad \tau_{yz} = G\gamma_{yz}, \quad \tau_{zx} = G\gamma_{zx} \tag{8.10}$$

となり，ここに式 (8.8) を代入すれば，

$$\sigma_x = \frac{E}{1-\nu^2}\left(\frac{\partial u_0}{\partial x} + \nu\frac{\partial v_0}{\partial y}\right) - \frac{Ez}{1-\nu^2}\left(\frac{\partial^2 w}{\partial x^2} + \nu\frac{\partial^2 w}{\partial y^2}\right)$$

$$\sigma_y = \frac{E}{1-\nu^2}\left(\frac{\partial v_0}{\partial y} + \nu\frac{\partial u_0}{\partial x}\right) - \frac{Ez}{1-\nu^2}\left(\frac{\partial^2 w}{\partial y^2} + \nu\frac{\partial^2 w}{\partial x^2}\right) \tag{8.11}$$

$$\tau_{xy} = G\left(\frac{\partial u_0}{\partial y} + \frac{\partial v_0}{\partial x}\right) - 2Gz\frac{\partial^2 w}{\partial x \partial y}$$

が得られる．これを合応力およびモーメントの定義式 (8.1)〜(8.3) に代入すると，x-y 面内において，合力については

$$T_x = \frac{Eh}{1-\nu^2}\left(\frac{\partial u_0}{\partial x} + \nu\frac{\partial v_0}{\partial y}\right)$$

$$T_y = \frac{Eh}{1-\nu^2}\left(\frac{\partial v_0}{\partial y} + \nu\frac{\partial u_0}{\partial x}\right) \tag{8.12}$$

$$T_{xy} = Gh\left(\frac{\partial u_0}{\partial y} + \frac{\partial v_0}{\partial x}\right)$$

また，モーメントについては

$$M_x = -D\left(\frac{\partial^2 w}{\partial x^2} + \nu\frac{\partial^2 w}{\partial y^2}\right)$$

$$M_y = -D\left(\frac{\partial^2 w}{\partial y^2} + \nu\frac{\partial^2 w}{\partial x^2}\right) \tag{8.13}$$

$$M_{xy} = -D(1-\nu)\frac{\partial^2 w}{\partial x\partial y}$$

となる．ただしここで，

$$D = \frac{Eh^3}{12(1-\nu^2)} \tag{8.14}$$

となる．D を板の「曲げ剛性」という．これは h^3 に比例しており，板を薄くすればするほど曲げ剛性は大きく低下することになる．一方，面内の剛性（$Eh/(1-\nu^2)$）は h に比例しており，体積（重量）比では，薄い板でも有効に働くことができる．また，式 (8.12) を見ると，この式は面内の中央面変位および面内の合応力にのみ依存している．一方，式 (8.13) を見ると，この式は面外方向のたわみとモーメントにのみ依存している．したがって，薄板の曲げの問題は，

(1) 面内の問題，式 (8.12)：平面応力問題とまったく同様に解ける
(2) 面外の問題，式 (8.13)：曲げの問題

に分割することができ，それぞれ独立に解くことが可能である．

8.1.5　板のたわみ方程式

曲げの問題についてもう少し考える．式 (8.6) を見ると，モーメントからせん断力 Q_x, Q_y を得られることがわかる．板の曲げの問題については，通常，$m_x = 0$，$m_y = 0$ の問題を扱うことが多いので，本書でもこれを適用する．すると，構成式 (8.13) をモーメントについての平衡方程式 (8.6) に代入することにより，以下が得られる．

$$Q_x = -D\left(\frac{\partial^3 w}{\partial x^3} + \frac{\partial^3 w}{\partial x\partial y^2}\right), \quad Q_y = -D\left(\frac{\partial^3 w}{\partial y^3} + \frac{\partial^3 w}{\partial x^2\partial y}\right) \tag{8.15}$$

さらに，式 (8.15) をせん断力についての平衡方程式 (8.5) に代入すれば，

$$D\left(\frac{\partial^4 w}{\partial x^4} + 2\frac{\partial^4 w}{\partial x^2\partial y^2} + \frac{\partial^4 w}{\partial y^4}\right) = q_z \tag{8.16}$$

つまり,

$$D\nabla^2 \cdot \nabla^2 w = q_z, \quad \nabla^2 = \frac{\partial^2}{\partial x^2} + \frac{\partial^2}{\partial y^2} \tag{8.17}$$

となる.これが板の曲げの微分方程式であり,板のたわみ方程式とよばれている.特に $q_z = 0$ の斉次方程式の場合は,w が重調和関数になることに注意してほしい.

8.2 正弦波状の圧力を受ける4辺単純支持長方形板

ここでは,板のたわみ方程式を解くための例として,図8.9のように,$x = 0, a$ および $y = 0, b$ の辺で単純支持されている長方形板を考える.ここに,正弦波状の圧力 $q_z = p\sin(\pi x/a)\sin(\pi y/b)$ が上向きにかかるものとする.なお,図中の点 O が $x = 0, y = 0$ であるとする.解くべき微分方程式は,式 (8.17) より

$$D\nabla^2 \cdot \nabla^2 w = p\sin\frac{\pi x}{a}\sin\frac{\pi y}{b} \tag{8.18}$$

となる.

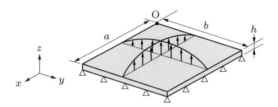

図 8.9 正弦波状の圧力を受ける4辺単純支持薄板

ここで,単純支持境界条件は,x 軸,y 軸方向に対してそれぞれ,

$$\begin{aligned} w = 0, \quad M_x = 0 \quad (\text{at } x = 0, a) \\ w = 0, \quad M_y = 0 \quad (\text{at } y = 0, b) \end{aligned} \tag{8.19}$$

と表すことができる†.モーメントの境界条件について考えると,式 (8.13) より,$x = 0, a$ において,x 軸方向については

$$M_x = -D\left(\frac{\partial^2 w}{\partial x^2} + \nu\frac{\partial^2 w}{\partial y^2}\right) = 0$$

である.ここで,この端部においては y を変化させても w は一定であるから,

---

† なお,拘束支持の場合の境界条件は,x 軸方向に対して $w = 0$, $\partial w/\partial x = 0$, y 軸方向に対して $w = 0$, $\partial w/\partial y = 0$ である.

$$\frac{\partial^2 w}{\partial y^2} = 0$$

である．したがって，

$$\frac{\partial^2 w}{\partial x^2} = 0$$

が境界条件となる．

また，$y = 0, b$ において，y 軸方向については

$$M_y = -D\left(\frac{\partial^2 w}{\partial y^2} + \nu \frac{\partial^2 w}{\partial x^2}\right) = 0$$

であり，x 軸方向と同様の考察により，

$$\frac{\partial^2 w}{\partial y^2} = 0$$

が境界条件となる．

これらより，w について C を定数として，

$$w = C \sin\frac{\pi x}{a} \sin\frac{\pi y}{b} \tag{8.20}$$

とおくことにより，境界条件と微分方程式をともに満足できることになる．

式 (8.20) を式 (8.18) に代入すると，定数 C は，

$$C = \frac{p}{\pi^4 D (1/a^2 + 1/b^2)^2} \tag{8.21}$$

と求めることができる．

8.3 より複雑な圧力を受ける 4 辺単純支持長方形板

前節の結果を用いて，もう少し複雑な荷重状態でのたわみを計算することも可能である．$x = 0, a$ および $y = 0, b$ で薄板が単純支持されていると考える．このとき，荷重分布が

$$q_z = p_{mn} \sin\frac{m\pi x}{a} \sin\frac{n\pi y}{b} \quad (\text{ただし } m, n \text{ は整数}) \tag{8.22}$$

であるとすると，この荷重に対応するたわみは，式 (8.21) から，

$$w_{mn} = \frac{p_{mn}}{\pi^4 D\{(m/a)^2 + (n/b)^2\}^2} \sin\frac{m\pi x}{a} \sin\frac{n\pi y}{b} \tag{8.23}$$

と容易に求めることができる．

これを利用すると，より一般的な荷重が薄板にかかった場合の解を求めることができる．4 辺単純支持された板にかかる荷重が $q_z(x, y)$ であるとし，これが 2 重フーリエ級数に展開できるとする．すなわち，

$$q_z(x, y) = \sum_{m=1}^{\infty} \sum_{n=1}^{\infty} p_{mn} \sin \frac{m\pi x}{a} \sin \frac{n\pi y}{b} \tag{8.24}$$

とする．ただしここで，

$$p_{mn} = \frac{4}{ab} \int_0^a \int_0^b q_z \sin \frac{m\pi x}{a} \sin \frac{n\pi y}{b} dydx \tag{8.25}$$

である．荷重をこのように表すことができれば，級数の各次数の解は式 (8.23) の重ね合わせになることから，

$$w = \frac{1}{\pi^4 D} \sum_{m=1}^{\infty} \sum_{n=1}^{\infty} \frac{p_{mn}}{\{(m/a)^2 + (n/b)^2\}^2} \sin \frac{m\pi x}{a} \sin \frac{n\pi y}{b} \tag{8.26}$$

と求められる．

たとえば，板面全体に一様な分布荷重 p_0 がかかる場合を考えると，解の形は式 (8.26) となり，各次数の係数 p_{mn} は，

$$
p_{mn} = \frac{4p_0}{ab} \int_0^a \int_0^b \sin \frac{m\pi x}{a} \sin \frac{n\pi y}{b} dydx
$$
$$
= \begin{cases} \dfrac{16p_0}{\pi^2 mn} & (m, n \text{ が奇数のとき}) \\ 0 & (m, n \text{ のどちらかが奇数でないとき}) \end{cases} \tag{8.27}
$$

と計算できる．解を一つの式に書き直すと，

$$w = \frac{16p_0}{\pi^6 D} \sum_{m=1,3,5,\ldots}^{\infty} \sum_{n=1,3,5,\ldots}^{\infty} \frac{1}{mn\{(m/a)^2 + (n/b)^2\}^2} \sin \frac{m\pi x}{a} \sin \frac{n\pi y}{b} \tag{8.28}$$

となる．

さらに，このフーリエ級数の解を応用して，ある点に集中荷重 P を受ける場合の板のたわみを計算することができる．まず，下準備として，図 8.10 のような $x = \xi$，$y = \eta$ を中心とした，ある四角形の微小な領域を考える．このとき，この領域の x 軸方向の辺の長さを u，y 軸方向の辺の長さを v であるとする．この領域に一様な分布荷重 P/uv がかかっており，他の領域には荷重がかかっていない場合を考える．すると，式 (8.25) から，2 重フーリエ級数の各項の係数は，

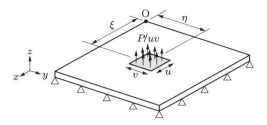

図 8.10 微小な四角形領域に一様分布荷重を受ける 4 辺単純支持薄板

$$p_{mn} = \frac{4}{ab} \int_{\xi-u/2}^{\xi+u/2} \int_{\eta-v/2}^{\eta+v/2} \frac{P}{uv} \sin\frac{m\pi x}{a} \sin\frac{n\pi y}{b} dy dx \tag{8.29}$$

となる. u, v が微小であり, $u, v \to 0$ の極限をとることに注意してこれを積分すると,

$$\begin{aligned} p_{mn} &= \frac{4P}{ab} \sin\frac{m\pi\xi}{a} \sin\frac{n\pi\eta}{b} \frac{1}{uv} \int_{\xi-u/2}^{\xi+u/2} \int_{\eta-v/2}^{\eta+v/2} dy dx \\ &= \frac{4P}{ab} \sin\frac{m\pi\xi}{a} \sin\frac{n\pi\eta}{b} \end{aligned} \tag{8.30}$$

となる. これより, $x = \xi, y = \eta$ に集中荷重 P を受ける際のたわみは以下のようになる.

$$w = \frac{4P}{\pi^4 Dab} \sum_{m=1}^{\infty} \sum_{n=1}^{\infty} \frac{\sin(m\pi\xi/a)\sin(n\pi\eta/b)}{\{(m/a)^2 + (n/b)^2\}^2} \sin\frac{m\pi x}{a} \sin\frac{n\pi y}{b} \tag{8.31}$$

8.4 極座標系における円板の曲げ方程式

7.4 節と同様に, ラプラシアン ∇^2 を極座標表示に変換すれば, 極座標における板曲げの方程式を導くことができる. 式 (7.49) によれば,

$$\nabla^2 = \frac{\partial^2}{\partial x^2} + \frac{\partial^2}{\partial y^2} = \frac{\partial^2}{\partial r^2} + \frac{1}{r}\frac{\partial}{\partial r} + \frac{1}{r^2}\frac{\partial^2}{\partial \theta^2} \tag{8.32}$$

であり, これを式 (8.17) に代入すると,

$$D\left(\frac{\partial^2}{\partial r^2} + \frac{1}{r}\frac{\partial}{\partial r} + \frac{1}{r^2}\frac{\partial^2}{\partial \theta^2}\right)\left(\frac{\partial^2}{\partial r^2} + \frac{1}{r}\frac{\partial}{\partial r} + \frac{1}{r^2}\frac{\partial^2}{\partial \theta^2}\right)w = q_z \tag{8.33}$$

となる. これが極座標系における板曲げの方程式である.

次に, 図 8.11 に示すような円板に対する曲げ問題の解について考える.

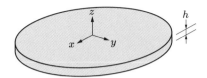

図 8.11 半径 a の円形の薄板

この解を求めるため，まずは式 (8.33) の右辺を 0 とした斉次方程式

$$D\left(\frac{\partial^2}{\partial r^2} + \frac{1}{r}\frac{\partial}{\partial r} + \frac{1}{r^2}\frac{\partial^2}{\partial \theta^2}\right)\left(\frac{\partial^2}{\partial r^2} + \frac{1}{r}\frac{\partial}{\partial r} + \frac{1}{r^2}\frac{\partial^2}{\partial \theta^2}\right)w = 0 \qquad (8.34)$$

の解を考える．

円板では，たわみ w は円周方向に連続であるから，θ に対して周期 2π の周期関数になる．このため，解は一般に，フーリエ級数

$$w = \sum_{m=0}^{\infty} R_m(r)\cos m\theta + \sum_{m=0}^{\infty} R'_m(r)\sin m\theta \qquad (8.35)$$

と表すことができる．R_m，R'_m を決めるためには，式 (8.35) を式 (8.34) に代入して，

$$\left(\frac{d^2}{dr^2} + \frac{1}{r}\frac{d}{dr} - \frac{m^2}{r^2}\right)\left(\frac{d^2}{dr^2} + \frac{1}{r}\frac{d}{dr} - \frac{m^2}{r^2}\right)R_m = 0 \qquad (8.36)$$

とする．式 (8.36) は r に対する常微分方程式になっている．この形の微分方程式の解の形は $R_m = r^\lambda$ となるはずであるので，これを用いた特性方程式は，

$$(\lambda^2 - m^2)\{(\lambda - 2)^2 - m^2\} = 0 \qquad (8.37)$$

である．特性方程式の解は $\lambda = \pm m, \pm m + 2$ となるので，$m \geq 2$ のとき，解は

$$R_m = A_m r^m + B_m r^{-m} + C_m r^{m+2} + D_m r^{-m+2} \qquad (8.38)$$

となる．なお，A_m, B_m, C_m, D_m は定数である．$m = 1$ のときは，$\lambda = 1$ が重根になるため，

$$R_1 = A_1 r + B_1 r^{-1} + C_1 r^3 + D_1 r \log r \qquad (8.39)$$

となり，$m = 0$ のときは，$\lambda = 0$ と $\lambda = 2$ が重根になるため，

$$R_0 = A_0 + B_0 \log r + C_0 r^2 + D_0 r^2 \log r \qquad (8.40)$$

となる．以上で斉次方程式 (8.36) の一般解が求められた．この斉次方程式の一般解と，外力 q_z に応じた特解の和をとることによって，方程式 (8.33) の解を得ることができる．

例として，q_z が一様な分布荷重 p_0 である場合を考える．この場合，w は θ に依存しないので，式 (8.33) より，

$$D\left(\frac{d^2}{dr^2} + \frac{1}{r}\frac{d}{dr}\right)\left(\frac{d^2}{dr^2} + \frac{1}{r}\frac{d}{dr}\right)w = p_0 \tag{8.41}$$

となる．これを変形すると，

$$\frac{1}{r}\frac{d}{dr}\left(r\frac{d}{dr}\right)\frac{1}{r}\frac{d}{dr}\left(r\frac{d}{dr}\right)w = \frac{p_0}{D} \tag{8.42}$$

ゆえ，これを順に積分すれば，特解は，

$$w = \frac{p_0 r^4}{64D} \tag{8.43}$$

となる．よって，一般解は（w が θ に依存しないので $m = 0$ のみの斉次方程式の解を加えて），

$$w = A_0 + B_0 \log r + C_0 r^2 + D_0 r^2 \log r + \frac{p_0 r^4}{64D} \tag{8.44}$$

となる．

　境界条件は，$r = a$ で拘束支持されているとした場合，

$$w = 0, \quad \frac{dw}{dr} = 0 \quad (\text{at } r = a)$$

　　たわみ，モーメントが有限　（at $r = 0$）

となる．この条件により，$B_0 = D_0 = 0$ となる．また，

$$A_0 = \frac{p_0 a^4}{64D}, \quad C_0 = -\frac{p_0 a^2}{32D}$$

となる．よって，たわみは

$$w = \frac{(a^2 - r^2)^2 p_0}{64D} \tag{8.45}$$

と得ることができる．

演習問題

8.1　8.4 節で紹介した円板の曲げ問題について，本文中では円板の周囲が拘束支持されていた．円板の周囲が単純支持されていた場合，境界条件はどのようになるか．

8.2 演習問題8.1のたわみはどのようになるか．また，最大たわみは周辺拘束支持の場合と比べてどのようになるか．

8.3 図8.12に示すような x 軸方向に長さ a，y 軸方向に長さ b，板厚 t の長方形板を考える．長方形板の4辺はすべて単純支持されているとする．また，$y = \pm b/2$ の辺には分布モーメント M_0 がかかっているとする．また，板に z 軸方向への分布力 q_z はかかっていないとする．たわみ w が

$$w = \sum_{m=1}^{\infty} f_m(y) \sin \frac{m\pi x}{a} \quad (\text{ただし } m \text{ は整数})$$

と表せるとしたとき，w を求めよ．

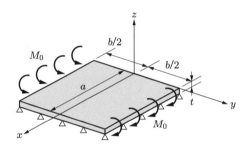

図8.12 端部に一様モーメントを受ける長方形の単純支持平板

8.4 図8.13に示すような内半径 a，外半径 b，厚さ h の薄いドーナツ状の円板を考える．ここで，板の外半径側は単純支持されており，内半径側に単位幅あたり M_1 の一様な分布モーメントがかかっているとする．板のたわみ w を求めよ．なお，軸対称形のたわみにおいて，極座標系の r 軸方向の面外せん断合応力 Q_r は

$$Q_r = -D \left(\frac{d^3 w}{dr^3} + \frac{1}{r} \frac{d^2 w}{dr^2} - \frac{1}{r^2} \frac{dw}{dr} \right)$$

と表せることを利用するとよい．

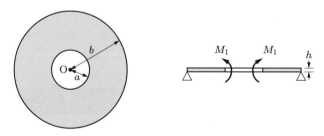

図8.13 内半径側に分布モーメントを受けるドーナツ状の円板

第III部

非弾性材料特性

　第I部では，線形弾性体の構成式を学んだ．しかし，実際に世の中で使用されている材料には，線形弾性体で十分な近似ができないものも数多く存在する．第III部では，このように弾性ではない，非弾性の材料構成式の基礎を学んでいく．第9章では，応力－ひずみの関係がこれまでの変形の履歴に影響される，弾塑性体の構成式について学ぶ．第10章では，応力－ひずみの関係が，変形の速度に影響を受ける，粘弾性体の構成式について学ぶ．これらの構成式を用いることによって，より複雑で精密な固体の解析が可能になる．非弾性の構成式の世界は奥が深く，本書で触れられるのは基礎的なものに限られるが，広い世界の一部を体験してほしい．

第9章

弾塑性構成式

　前章までは，材料に生じるひずみと応力の関係が線形である場合について論じてきた．しかし，実際の材料において応力とひずみが線形な関係式を満たすのは，ひずみが小さい場合に限られる．一般に，大きなひずみを伴う変形においては，材料に永久的な変形 = 塑性変形が生じ，応力とひずみの関係は非線形性を示す．本章では塑性変形を伴う材料，すなわち弾塑性体において，塑性変形の開始を規定する"材料の降伏"に関する議論を中心として，降伏曲面や硬化則といった弾塑性構成式の基礎理論について述べる．

9.1 弾塑性体の応力とひずみ

　我々が取り扱う金属や樹脂などの一般的な材料は，作用する応力とそれに伴って生じるひずみが小さい領域では，おおむね弾性的な挙動を示す．それに対し，応力がある限界値を超えると，加えた応力を完全に除荷してもひずみは 0 に戻らず，永久変形が残る．これが**塑性変形**である．塑性変形に対応する**塑性ひずみ**は，一般に，変形の増大に伴って増加する．

　金属材料の一軸引張試験における典型的な応力－ひずみ線図を図 9.1 に示す．応力が弾性限度（比例限度）以下の場合（図 (a) の点 O から点 A まで）には応力と

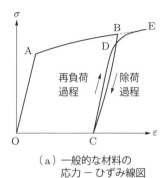

（a）一般的な材料の
応力 － ひずみ線図

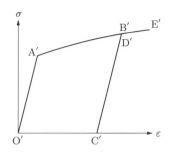

（b）除荷・再負荷過程を簡略化
した応力 － ひずみ線図

図 9.1　材料の応力－ひずみ線図

ひずみの関係はほぼ線形であり，フックの法則を満足する．弾性限度を超えて応力が増加すると，応力−ひずみ関係の傾きは一般に緩やかになり，塑性変形が生じる．図 (a) の点 B まで変形を進めたあとに除荷を行うと，応力とひずみが減少して点 B から点 C へと移動し，応力を完全に取り除いた状態で OC に相当する永久ひずみが残る．これが塑性ひずみとなる．

　点 C の状態からふたたび応力を増加させていくと，ほぼ直線の区間（C–D）を経て点 E に至るまでに，ふたたび塑性ひずみが増加する．本来は点 B, C, D と除荷，再負荷を行う過程で同一経路を通らず，ヒステリシスが生じる．しかし，これが小さい材料においてはヒステリシスの影響を無視して，図 (b) に示すように除荷過程で点 B′ から点 C′ に移動したあと，再負荷によって点 C′ から点 B′（D′）にふたたび戻るとみなしてよい．その後，点 E′ に至る過程でふたたび塑性ひずみが増加する．以降の除荷と再負荷の過程では，材料が破断しない限り，同様の変形が繰り返されることになる．

　図 (b) に示すように，再負荷を行った場合には材料の降伏応力が増加する．これを**ひずみ硬化**（strain hardening）または**加工硬化**（work hardening）とよび，このときの応力−ひずみ線図の傾きを**加工硬化係数**（hardening coefficient）とよぶ．

　さて，図 9.2 に示すように，引張荷重を受けて塑性変形が生じた材料に対し，除荷に引き続いて圧縮荷重を加える場合を考える．初期の降伏点が A（A′），応力が σ_Y であった材料に引張荷重を加えて点 B に至ったあとに除荷し，さらに圧縮荷重を加えると，圧縮側の降伏点は A′ とならず，降伏点は A″ となり，降伏応力は σ_Y' に減少する．これを**バウシンガー効果**（Bauschinger effect）とよぶ．

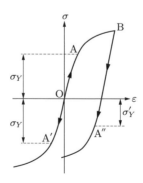

図 9.2　バウシンガー効果

　弾性体においては，ひずみの値が決まれば，応力は必ず一意に決まる．対して塑性体あるいは弾塑性体における応力とひずみの対応関係は，その時点で材料に作用している応力のみならず，そこまでの変形に至る過程での変形の履歴にも依存する．変形の履歴を考慮できる理論として一般的に広く用いられているのは**ひずみ増分理論**（incremental strain theory）であり，これは速度形（増分形）の構成式である．一方，定式化が比較的単純な**全ひずみ理論**（total strain theory）も一般には広く用いられているが，こちらでは変形履歴は考慮されていない点に注意が必要である．

　材料の変形を扱ううえでは，応力とひずみの関係をある程度単純化して表す必要がある．図 9.3 に，塑性変形を伴う材料の一軸引張の応力 - ひずみ線図を簡略化した例について示す．

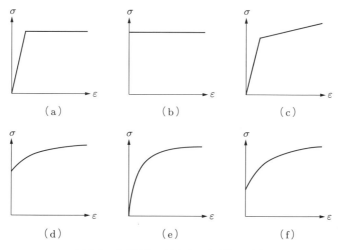

図 9.3　典型的な一軸応力 - ひずみモデル

　図 (a) は**弾完全塑性体**（elastic-perfect plastic material）の場合であり，弾性変形のあとに塑性変形が生じるが，塑性変形過程では加工硬化が生じない（加工硬化係数が 0 となる）ものである．

　図 (b) は**剛完全塑性体**（rigid-perfect plastic material）の場合であり，弾性変形におけるひずみを無視し，一定応力下での塑性ひずみの増大のみを考慮する．

　図 (c) は**線形硬化弾塑性体**（linear hardening elasto-plastic material）の場合であり，弾性変形のあとに加工硬化係数が一定の塑性変形が生じるものである．いわゆる応力 - ひずみ関係の 2 直線近似モデルであり，その簡便性ゆえに工学解析

では広く用いられている．図 (c) において弾性ひずみが無視できる場合は**線形硬化剛塑性体**（linear hardening plastic material）となる．

図 (a)〜(c) が直線近似を適用する場合であるのに対し，図 (d)〜(f) は曲線により近似される場合の例を示しており，**非線形硬化塑性体**（nonlinear hardening plastic material）とよばれる．非線形硬化塑性体の応力–ひずみ関係を一般化した表現として，次式の形がしばしば用いられる．

$$\sigma = a + F(b + \varepsilon)^n \tag{9.1}$$

上式の応力–ひずみ関係が図 (d) である．b が 0 の場合，

$$\sigma = a + F\varepsilon^n \tag{9.2}$$

となり，さらに a が 0 の場合（図 (e)），

$$\sigma = F\varepsilon^n \tag{9.3}$$

の式はいわゆる n 乗硬化則に相当する．また，式 (9.2) の a が 0 の場合（図 (f)）

$$\sigma = F(b + \varepsilon)^n \tag{9.4}$$

をスイフト（Swift）の式とよぶ．

9.2　材料の降伏条件と降伏関数

本節では，3 次元固体内において塑性変形が開始される条件について考える．一軸引張試験のような単軸応力状態を考えれば，もっとも単純な降伏条件は引張応力 σ が降伏応力 σ_Y に達する場合であり，

$$f(\sigma) = \sigma - \sigma_Y = 0 \tag{9.5}$$

が塑性変形開始の条件となる．これを多軸応力の場合に一般化して考えると，

$$f(\sigma_{ij}) = 0 \tag{9.6}$$

を満たすときに材料が降伏すると考えることができる．この関数 f を**降伏関数**とよぶ．

以降の議論では，材料の塑性変形を議論するに際して，下記のようないくつかの仮定をおくことにする．

(1) **等方・等質の仮定**：物体の材料特性は方向性をもたず等方的であり，かつ各部の性質も一様に同じ（等質）であると仮定する．本来の材料は塑性変形の

進行に伴って異方的性質を発現するが，ここではそれは無視するものとする．

(2) **塑性変形における非圧縮性の仮定**：一般に，材料の塑性ひずみによる体積変形はきわめて小さいことが知られている．よって，塑性ひずみにおける体積ひずみは 0 であると仮定する．

(3) **降伏応力（降伏関数）の静水圧応力に対する非依存性の仮定**：上記の (2) に対応して，応力の静水圧成分（等方応力）は材料の降伏に対して影響を及ぼさないものとする．

以上の仮定をおくことにより，降伏条件および降伏関数の議論は大幅に簡略化される．

さて，式 (9.6) で与えられる降伏関数を主応力 σ_1, σ_2, σ_3 のみで考えると，主応力座標ではせん断応力が 0 となることより，

$$f(\sigma_1, \sigma_2, \sigma_3) = 0 \tag{9.7}$$

となる．ここで，主応力の定義については 2.4 節を参照されたい．先に述べた降伏条件に関する等方性の仮定 (1) より，主応力 σ_1, σ_2, σ_3 のいずれかを交換しても降伏関数は変わらないので，σ_1, σ_2, σ_3 を 2.3 節で述べた応力の不変量 I_1, I_2, I_3 を用いて表現することも可能である．

$$f(I_1, I_2, I_3) = 0 \tag{9.8}$$

先の仮定 (3) で述べられているように，降伏関数は等方応力によらず，偏差応力 s_1, s_2, s_3 のみによって定めることもできる．

$$f(s_1, s_2, s_3) = 0 \tag{9.9}$$

偏差応力の定義については，第 2 章の演習問題 2.7 を参照されたい．さらには，これを偏差応力の不変量 I_1', I_2', I_3' で表すと，$I_1' = 0$ であることより，

$$f(I_2', I_3') = 0 \tag{9.10}$$

と書けることがわかる．

9.3 降伏曲面

前節で述べたように，降伏関数は応力や主応力，応力の不変量の関数として定義される．ここでは，主応力で定義される降伏関数を，主応力空間で定義される曲面，すなわち**降伏曲面**として考える．

はじめに，図 9.4 に示すような σ_1-σ_2-σ_3 座標で定義される主応力空間において，点 P で定義されるような主応力状態 $(\sigma_1, \sigma_2, \sigma_3)$ を考える．前節の式 (9.7) に述べたとおり，降伏関数は主応力 $(\sigma_1, \sigma_2, \sigma_3)$ だけで表せるため，この主応力空間を用いて降伏関数を図示することができる．ただし，e_1, e_2, e_3 はそれぞれの座標軸に対する単位ベクトルである．三つの主応力 σ_1, σ_2, σ_3 によって決まる応力ベクトルは，

$$\overrightarrow{\mathrm{OP}} = \sigma_1 e_1 + \sigma_2 e_2 + \sigma_3 e_3 \tag{9.11}$$

と表される．ここで，直線 $\sigma_1 = \sigma_2 = \sigma_3$ に沿った座標軸 ξ を考える．この軸 ξ の方向ベクトルは明らかに，$n = (1/\sqrt{3}, 1/\sqrt{3}, 1/\sqrt{3})$ となる．次に，この軸 ξ に垂直な平面を考える．以下，この平面のことを π 平面とよぶ．ベクトル $\overrightarrow{\mathrm{OP}}$ を ξ 軸に平行な成分 $\overrightarrow{\mathrm{OR}}$ とそれに垂直な成分 $\overrightarrow{\mathrm{RP}}$ に分解すれば，

$$\overrightarrow{\mathrm{OR}} = (\overrightarrow{\mathrm{OR}} \cdot e_\xi) e_\xi \tag{9.12}$$

である．ここで，

$$e_\xi = \frac{1}{\sqrt{3}}(e_1 + e_2 + e_3) \tag{9.13}$$

である．よって，

$$\overrightarrow{\mathrm{OP}} \cdot e_\xi = (e_1 \sigma_1 + e_2 \sigma_2 + e_3 \sigma_3) \cdot \frac{1}{\sqrt{3}}(e_1 + e_2 + e_3)$$

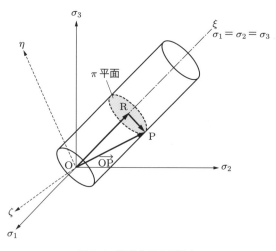

図 9.4　降伏曲面の考え方

$$= \frac{1}{\sqrt{3}}(\sigma_1 + \sigma_2 + \sigma_3) = \sqrt{3}\sigma_0 \tag{9.14}$$

となる．なお，σ_0 は式 (2.12) で導入した静水圧応力である[†]．したがって，

$$\overrightarrow{\mathrm{OR}} = \sqrt{3}\sigma_0 \frac{1}{\sqrt{3}}(\sigma_1 + \sigma_2 + \sigma_3) = \boldsymbol{e}_1\sigma_0 + \boldsymbol{e}_2\sigma_0 + \boldsymbol{e}_3\sigma_0 \tag{9.15}$$

となる．一方，$\overrightarrow{\mathrm{RP}} = \overrightarrow{\mathrm{OP}} - \overrightarrow{\mathrm{OR}}$ より，

$$\overrightarrow{\mathrm{RP}} = \boldsymbol{e}_1(\sigma_1 - \sigma_0) + \boldsymbol{e}_2(\sigma_2 - \sigma_0) + \boldsymbol{e}_3(\sigma_3 - \sigma_0) = \boldsymbol{e}_1 s_1 + \boldsymbol{e}_2 s_2 + \boldsymbol{e}_3 s_3$$
$$\tag{9.16}$$

となる．以上の結果より，応力ベクトルの等方応力軸（ξ 軸）への正射影が等方応力ベクトル $\overrightarrow{\mathrm{OR}}$ であり，それに直交する π 平面への射影が $\overrightarrow{\mathrm{RP}}$，すなわち偏差応力ベクトル (s_1, s_2, s_3) となることが確かめられる．つまり，主応力空間上において，等方応力ベクトルと偏差応力ベクトルは直交する．

　降伏曲面が等方応力に依存しないという仮定をおくと，ある π 平面において降伏限界は π 平面上の偏差応力ベクトルによって規定されるから，その外周の閉曲線を ξ 軸に沿って平行移動させることによって，柱面状の降伏曲面が形成されることが確かめられる．

　繰り返しになるが，降伏曲面は等方応力によらず，偏差応力の成分 (s_1, s_2, s_3) のみによって決まる．もし，着目している応力状態がこの降伏曲面の内側にあるならば，その点からの応力とひずみの変化は"弾性的"となる．応力が降伏曲面に達して初めて塑性変形が生じる．ここで，塑性変形が生じたあとについてはまた別の議論が必要であり，9.9 節の**硬化則**の項で詳しく論じることとする．

9.4 　トレスカの降伏条件

　一般に塑性変形過程では材料の体積変化は小さく，せん断変形に比べて無視できると考えられるので，塑性変形はせん断変形に起因するものとして，議論を最大せん断応力に帰着させる．今，三つの主応力 σ_1, σ_2, σ_3 が与えられ，それらが $\sigma_1 > \sigma_2 > \sigma_3$ の条件を満たすとする．この場合，最大せん断応力は $\tau_1 = (\sigma_1 - \sigma_3)/2$ であるから，この最大せん断応力によって降伏限界を規定するのが次式で表される

[†] 第 2 章で述べたように，静水圧応力は「応力」という名前であるが，スカラー量であることに注意すること．

トレスカの降伏条件（Tresca yield condition）である.

$$f = (\sigma_1 - \sigma_3) - 2\tau_y = 0 \quad (\sigma_1 > \sigma_2 > \sigma_3) \tag{9.17}$$

ここで，τ_y はせん断降伏応力である. 同様に，主応力の大小関係によって

$$f = (\sigma_2 - \sigma_1) - 2\tau_y = 0 \quad (\sigma_2 > \sigma_3 > \sigma_1) \tag{9.18}$$

$$f = (\sigma_3 - \sigma_2) - 2\tau_y = 0 \quad (\sigma_3 > \sigma_1 > \sigma_2) \tag{9.19}$$

$$f = (\sigma_3 - \sigma_1) - 2\tau_y = 0 \quad (\sigma_3 > \sigma_2 > \sigma_1) \tag{9.20}$$

$$f = (\sigma_1 - \sigma_2) - 2\tau_y = 0 \quad (\sigma_1 > \sigma_3 > \sigma_2) \tag{9.21}$$

$$f = (\sigma_2 - \sigma_3) - 2\tau_y = 0 \quad (\sigma_2 > \sigma_1 > \sigma_3) \tag{9.22}$$

となるが，もし主応力の大小関係に関する条件を課さなければ，

$$|\sigma_1 - \sigma_2| = \pm 2\tau_y, \quad |\sigma_2 - \sigma_3| = \pm 2\tau_y, \quad |\sigma_3 - \sigma_1| = \pm 2\tau_y \tag{9.23}$$

のいずれかが成立すればよく，これらをまとめれば，

$$\{(\sigma_1 - \sigma_2)^2 - 4\tau_y^2\}\{(\sigma_2 - \sigma_3)^2 - 4\tau_y^2\}\{(\sigma_3 - \sigma_1)^2 - 4\tau_y^2\} = 0 \tag{9.24}$$

を満たせば降伏が生じることになる. π 平面上の降伏曲面（降伏限界）を表したものが図 9.5 (a) であり，π 平面上における限界線は正六角形となる. また，σ_1-σ_2-σ_3 空間において降伏曲面を描けば，図 (b) に示されるような六角柱形状となる.

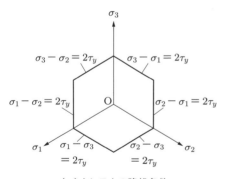

（a）トレスカの降伏条件

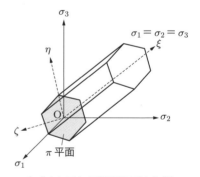

（b）トレスカの降伏曲面（六角柱）

図 9.5　トレスカの降伏条件と降伏曲面

ミーゼスの降伏条件

降伏条件をひずみエネルギーによって規定するのがミーゼスの降伏条件（Mises yield condition）である．等方性材料における弾性ひずみエネルギーを考えると，

$$W = \frac{1}{2}\sigma_{ij}\varepsilon_{ij} = \frac{1}{2}s_{ij}e_{ij} + \frac{1}{2}\sigma_0\varepsilon_0 \tag{9.25}$$

となる．ここで，s_{ij} は偏差応力，e_{ij} は偏差ひずみ，σ_0 は静水圧応力，ε_0 は体積ひずみである[†]．偏差ひずみは，偏差応力の定義と類似した以下の式で定義される．

$$e_{ij} = \varepsilon_{ij} - \frac{\varepsilon_0}{3}\delta_{ij} \tag{9.26}$$

ここで，δ_{ij} はクロネッカーのデルタである．つまり，ひずみエネルギーは，せん断ひずみエネルギーと体積ひずみエネルギーの和として定義される．

応力の静水圧成分は降伏挙動に影響を及ぼさないものとすれば，降伏曲面の考察にはせん断ひずみエネルギーのみを考えればよい．$e_{ij} = s_{ij}/(2\mu)$ より，

$$W' = \frac{1}{2}s_{ij}e_{ij} = \frac{1}{4\mu}s_{ij}s_{ij} \tag{9.27}$$

である．もし，引張応力 σ_1 が一軸引張の降伏応力 σ_Y に等しいときに降伏が起こるとすると，このときの偏差応力・偏差ひずみにより蓄えられるエネルギー（せん断ひずみエネルギー）は，

$$E = \frac{1}{4\mu}\left\{\left(\sigma_Y - \frac{\sigma_Y}{3}\right)^2 + \left(0 - \frac{\sigma_Y}{3}\right)^2 + \left(0 - \frac{\sigma_Y}{3}\right)^2\right\} = \frac{1}{4\mu}\frac{2}{3}\sigma_Y^2 \tag{9.28}$$

となる．もし，せん断ひずみエネルギーがある一定の値に達したときに降伏が生じるとすると，式 (9.27), (9.28) より，

$$\frac{1}{4\mu}\left(s_{ij}s_{ij} - \frac{2}{3}\sigma_Y^2\right) = 0$$

という条件を課せばよいということになる．これをミーゼスの降伏条件という．ここから降伏関数 f（式 (9.6) を参照）を決めると，

$$f = \frac{1}{2}s_{ij}s_{ij} - \frac{1}{3}\sigma_Y^2$$

[†] 3.5 節では体積ひずみを記号 e で表しているが，本章では偏差ひずみと区別するため，ε_0 という記号を採用している．

とすればよいことがわかる.

　ここで, 図 9.6 のように σ_1, σ_2, σ_3 軸に対して等しい角度をなす八つの面をもつ正八面体を考える. この八面体の八つの面での垂直応力とせん断応力を求めると,

$$\sigma_{\text{oct}} = \frac{1}{3}(\sigma_1 + \sigma_2 + \sigma_2) = I_1 \tag{9.29}$$

$$\tau_{\text{oct}} = \frac{1}{3}\sqrt{(\sigma_1 - \sigma_2)^2 + (\sigma_2 - \sigma_3)^2 + (\sigma_3 - \sigma_1)^2} = \frac{\sqrt{2}}{3}\sigma_Y \tag{9.30}$$

となる. 式 (9.29) および (9.30) で定義される応力を八面体垂直応力（octahedral normal stress）, 八面体せん断応力（octahedral shear stress）という. すなわち, ミーゼスの降伏条件は, この八面体せん断応力が限界値に達したときに降伏が生じることを意味している.

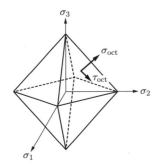

図 9.6　八面体垂直応力と八面体せん断応力

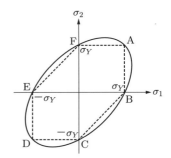

図 9.7　二軸応力状態における
ミーゼス則とトレスカ則

　$\sigma_3 = 0$ の場合, 式 (9.30) より,

$$\sigma_1^2 - \sigma_1\sigma_2 + \sigma_2^2 = \sigma_Y^2 \tag{9.31}$$

となる. 上式は, σ_1-σ_2 平面において 45° 傾いた楕円となり, σ_1 軸, σ_2 軸との交点座標は図 9.7 に示されるように, $\pm\sigma_Y$ となる. それに対し, トレスカ則に基づく限界線は, ミーゼス則で示される楕円の内側に接する六角形（破線）で示されることが容易に確かめられる.

　π 平面上のミーゼス則における降伏曲面（降伏限界）を表したものが図 9.8 (a) であり, π 平面上においてはトレスカ則の正六角形に外接する円となる. また, σ_1-σ_2-σ_3 空間において降伏曲面を描けば, 図 (b) に示されるような $\sigma_1 = \sigma_2 = \sigma_3$ の直線を中心軸とする円柱となる.

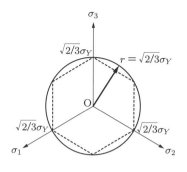
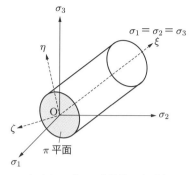

（a）ミーゼスの降伏条件 　　　　（b）ミーゼスの降伏曲面（円柱）

図 9.8　ミーゼスの降伏条件と降伏曲面

9.6　相当応力と相当塑性ひずみ

　初期の塑性ひずみが生じていない状態における降伏関数を f_0 と定義する．降伏関数 f_0 を一軸引張降伏応力 σ_Y と応力 σ_{ij} の関数 ϕ を用いて書き換える．ここで，

$$f_0(\sigma_{ij}) = \phi(\sigma_{ij}) - \sigma_Y^2 = 0 \tag{9.32}$$

が成立するとき，$\bar{\sigma} = \sqrt{\phi(\sigma_{ij})}$ を**相当応力**という．相当応力を用いて上記の降伏関数を表現すれば，

$$f_0(\sigma_{ij}) = \bar{\sigma}^2 - \sigma_Y^2 = 0 \tag{9.33}$$

となる．つまり，相当応力とは，材料の降伏を規定する応力を意味している．言い換えれば，相当応力の定義は降伏条件の定義によって変わることになる．

　ミーゼスの降伏条件における相当応力は，

$$
\begin{aligned}
\bar{\sigma} &= \sqrt{\frac{3}{2} s_{ij} s_{ij}} = \sqrt{\frac{3}{2}(s_1^2 + s_2^2 + s_3^2)} \\
&= \sqrt{\frac{3}{2}\{(\sigma_y - \sigma_z)^2 + (\sigma_z - \sigma_x)^2 + (\sigma_x - \sigma_y)^2 + 3(\tau_{yz}^2 + \tau_{zx}^2 + \tau_{xy}^2)\}}
\end{aligned}
\tag{9.34}
$$

となる．ここで，s_1, s_2, s_3 は偏差主応力の成分である．通常，特に断りのない限り，相当応力といえば式 (9.34) で表されるミーゼスの相当応力を指す．

　次に，相当応力に対応させて，相当塑性ひずみ $\varepsilon_{\mathrm{eq}}^p$ を以下のように定義する．

$$\varepsilon_{\mathrm{eq}}^p = \frac{\sqrt{2}}{3}\sqrt{(\varepsilon_1^p - \varepsilon_2^p)^2 + (\varepsilon_2^p - \varepsilon_3^p)^2 + (\varepsilon_3^p - \varepsilon_1^p)^2}$$

$$= \frac{\sqrt{2}}{3}\sqrt{(e_1^p - e_2^p)^2 + (e_2^p - e_3^p)^2 + (e_3^p - e_1^p)^2} \tag{9.35}$$

ここで，ε_1^p, ε_2^p, ε_3^p は主ひずみにおける塑性成分，e_1^p, e_2^p, e_3^p はそれらの偏差成分であり，塑性変形に伴う体積変化は 0 であると仮定すると，$e_1^p + e_2^p + e_3^p = 0$ となるので，

$$\varepsilon_{\text{eq}}^p = \sqrt{\frac{2}{3}}\sqrt{(e_1^p)^2 + (e_2^p)^2 + (e_3^p)^2} = \sqrt{\frac{2}{3}e_k^p e_k^p} \tag{9.36}$$

となり，e_k^p の代わりに塑性ひずみテンソル ε_{ij}^p を用いれば，

$$\varepsilon_{\text{eq}}^p = \sqrt{\frac{2}{3}\varepsilon_{ij}^p \varepsilon_{ij}^p} \tag{9.37}$$

となる．同様に，相当塑性ひずみ増分に関しては次式が成り立つ．

$$d\varepsilon_{\text{eq}}^p = \sqrt{\frac{2}{3}d\varepsilon_{ij}^p d\varepsilon_{ij}^p} \tag{9.38}$$

9.7　後続の降伏関数と硬化パラメータ

　材料に降伏が生じたあとにひずみを増加させていくと，一般には硬化を生じながら塑性変形が進行する．図 9.1 (b) に示したように，点 B′ にて除荷を行い点 C′ に戻ったあと，ふたたび荷重を増加させると，点 D′ まで弾性挙動を示したのち，ふたたび点 D′ にて降伏し，塑性変形が始まる．つまり，点 D′ における降伏応力は点 B′ における塑性流動応力に等しい．すなわち，降伏応力はそれまでに材料が受けたひずみ履歴に依存し，その降伏応力は次の塑性変形開始時における流動応力に等しくなる．つまり，初期の降伏関数に対して，関数

$$f = f(\sigma_{ij}, \xi_1, \xi_2, \ldots, \xi_N) = f(\sigma_{ij}, \xi_k) \tag{9.39}$$

を考え，応力 σ_{ij} とパラメータ ξ_k により降伏を表現する．ここに，ξ_k $(k = 1, 2, \ldots, N)$ は塑性変形の進行に伴って変化する N 次元ベクトルの成分であり，**負荷履歴パラメータ**（loading function）とよばれる．この式 (9.39) を，一般に**後続の降伏関数**（subsequent yield function）または負荷関数（loading function）という．塑性変形が進んでいない状態，すなわち塑性ひずみが 0 の状態では，

$$\xi_k = 0 \quad (k = 1, 2, \ldots, N) \tag{9.40}$$

と考えることができるので，この状態における式 (9.39) は初期の降伏関数に一致する．つまり，降伏関数を塑性変形の進行に対応させて拡張したものが後続の降伏関数である．後続の降伏関数と初期の降伏関数をまとめて，降伏関数とよぶことも多い．

　後続の降伏曲面も初期の降伏曲面と同様に，6 次元の応力空間内もしくは 3 次元の主応力空間内における閉曲面として表される．図 9.9 において応力 σ_{ij} が初期の降伏曲面の点 A に達したあと，さらにひずみを増加させた場合を考えると，降伏曲面上では降伏関数は $f = 0$ であるから，つねに $f = 0$ を満たす状態で塑性変形が進行する．点 A から点 B に移動する過程で塑性変形が進行したあと，点 B から降伏曲面の内側の点 C へと除荷を行う過程は，降伏曲面の拡大を伴わないので弾性変形であり，$f < 0$ となる．つまり，塑性変形状態ではつねに $f = 0$，また弾性変形では $f < 0$ となるから，降伏関数 f は正の値をとり得ないことに注意してほしい．

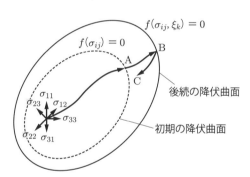

図 9.9　初期の降伏曲面と後続の降伏曲面

　ここまでの議論から明らかなように，降伏曲面は塑性変形の進行によって，すなわち塑性ひずみの増大によって拡大（縮小）する．よって次式のように，負荷履歴パラメータ ξ_k の代わりに ε_{ij}^p，硬化パラメータ κ によって降伏関数を定義することもできる．

$$f = f(\sigma_{ij}, \varepsilon_{ij}^p, \kappa) \tag{9.41}$$

ここで，硬化パラメータ κ は塑性変形の進行に伴う硬化の程度を表し，塑性ひずみの変化とともに κ も変化する．κ の増分 $d\kappa$ を塑性ひずみ増分 $d\varepsilon_{ij}^p$ を用いて表すと，

$$d\kappa = h_{ij} d\varepsilon_{ij}^p \tag{9.42}$$

となる．ここで，係数 h_{ij} を σ_{ij} で置き換えると，

$$dκ = σ_{ij}dε_{ij}^p \qquad (9.43)$$

となるから，この場合の硬化パラメータ $κ$ は塑性仕事（plastic work）に対応することになる．ここで，$κ$ を

$$dκ = \left(\frac{3}{2}dε_{ij}^p dε_{ij}^p\right)^{1/2} \qquad (9.44)$$

のようにおけば，上式は式 (9.38) と同型となることから，$dκ$ は相当塑性ひずみ増分，$κ$ は相当塑性ひずみに対応することがわかる．この場合の $κ$ を，ひずみ硬化パラメータ（strain hardening parameter）という．

9.8 塑性ポテンシャル

9.8.1 負荷・中立負荷・除荷

前節で述べたとおり，降伏曲面の内部（$f < 0$）では，応力とひずみの関係は弾性的な挙動を示す．ここで，降伏関数 f が $f = 0$，すなわち降伏状態にある場合を考える．この状態からさらに次の応力状態を考えると，以下の三つの場合が考えられる．

(a) **負荷**（loading）：塑性変形が進行し（$dε_{ij}^p > 0$），応力点が移動して新たな降伏曲面 $f + df$ が形成される場合である．ここで着目している応力点は，降伏曲面を拡大しながら新たな降伏曲面 $f + df$ 上に移動する．

(b) **除荷**（unloading）：$dε_{ij}^p = 0$ であり，塑性変形は進行せず，弾性的な振る舞いとなる．

(c) **中立負荷**（neutral loading）：$dε_{ij}^p = 0$ で塑性変形は進行しないが，着目している応力点が降伏曲面上を移動するような場合である．

上記の負荷，除荷，中立負荷は，降伏関数の偏微分を考えることにより判別することができる．

$$f = 0, \quad \frac{\partial f}{\partial σ_{ij}}dσ_{ij}\begin{cases} > 0 & \text{負荷} \\ = 0 & \text{中立負荷} \\ < 0 & \text{除荷} \end{cases} \qquad (9.45)$$

一般に，一軸負荷に限らず多軸負荷の場合においても，除荷を含まない変形過程を**単調負荷**，除荷のあとに再負荷を行う場合を**反転負荷**，反転負荷を繰り返す場合を**繰り返し負荷**とよぶ．

9.8.2 ドラッカーの仮説と最大塑性仕事の原理

ある応力状態 σ_{ij} を基準として，この状態から微小な応力増分（stress increment）$d\sigma_{ij}$ を考える．応力増分に対応して生じるひずみ増分（strain increment）を $d\varepsilon_{ij}$ とする．繰り返し負荷における塑性仕事について考えると，ある応力状態 σ_{ij}^* から応力変化が生じ，もとの応力状態に戻るようなサイクルにおいては，応力変化 $\sigma_{ij} - \sigma_{ij}^*$ によりなされた仕事は負とならない．**ドラッカー**（Drucker）**の仮説**に従えば，多軸負荷における完全塑性変形の条件は，

$$d\sigma_{ij}d\varepsilon_{ij} \geq 0 \tag{9.46}$$

のように与えられる．1サイクルの繰り返し負荷における塑性仕事について考えると，弾性変形分の仕事は0となることより，次式が導かれる．

$$\int (\sigma_{ij} - \sigma_{ij}^*)d\varepsilon_{ij}^p \geq 0 \tag{9.47}$$

上式がつねに成立するための必要十分条件は，

$$(\sigma_{ij} - \sigma_{ij}^*)d\varepsilon_{ij}^p \geq 0 \tag{9.48}$$

である．ここで，σ_{ij}^* は降伏条件に達しない範囲で定義される応力を表し，$d\varepsilon_{ij}^p$ は塑性ひずみ増分を表す．式 (9.48) は，塑性ひずみ増分 $d\varepsilon_{ij}^p$ が規定されたときに降伏条件に達しない応力 σ_{ij}^* と $d\varepsilon_{ij}^p$ の積として求められる仕事よりも，$d\varepsilon_{ij}^p$ と応力 σ_{ij} との積としてなされる塑性仕事がつねに大きくなることを示している．これを**最大塑性仕事の原理**（principle of maximum plastic work）とよぶ．

この最大塑性仕事の原理を用いると，降伏曲面の形状・性質と塑性ひずみ増分についての次の重要な結論が得られる．

式 (9.48) は，応力空間において，塑性ひずみ増分の方向と降伏曲面内の応力 σ_{ij}^* と降伏曲面上の応力 σ_{ij} を結ぶ方向のなす角が鋭角となることを意味している．図 9.10 において，なめらかな降伏曲面上の点 P における塑性ひずみ増分を $d\varepsilon_{ij}^p$ とし，点 P において $d\varepsilon_{ij}^p$ に垂直な平面 A-B を考えると，応力ベクトル $\sigma_{ij} - \sigma_{ij}^*$ は負荷のベクトルであるから降伏曲面に対して外向きとなる．また，平面 A-B は降伏曲面に対して接する平面となる．降伏曲面は接平面 A-B の一方の側にあり，接平面 A-B に対して塑性ひずみ増分ベクトル $d\varepsilon_{ij}^p$ と降伏曲面（閉曲面）はつねに逆側に位置しなければならないので，降伏曲面は凸でなければならない．これを降伏曲面の凸性（convexity）という．なめらかな（尖りのない）曲面上の点において接平面は一意に定まるから，ここでの平面 A-B も一意に決まり，それに対して垂

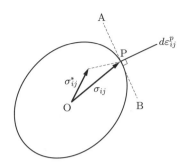

図 9.10 塑性ひずみ増分，降伏曲面と接平面の関係

直なひずみ増分 $d\varepsilon_{ij}^p$ も降伏曲面の外向き法線方向に対して一意に定まる．

以上の議論から，塑性ひずみ（塑性ひずみ増分）は降伏曲面に対して外側に，かつ垂直に生じることがわかる．これを塑性ひずみ増分における**垂直則**ないしは**法線則**（normality rule）とよぶ．$d\lambda$ を正のスカラーパラメータとすれば，垂直則は

$$d\varepsilon_{ij}^p = \frac{\partial f}{\partial \sigma_{ij}}d\lambda, \quad d\lambda > 0 \tag{9.49}$$

のように表される．

式 (9.49) は降伏関数 f をポテンシャルとして塑性流れが表現されることを示すものであるので，降伏関数 f は**塑性ポテンシャル**ともよばれる．塑性ポテンシャル f により表現される塑性変形の理論を**塑性ポテンシャル理論**（theory of plastic potential）とよぶ．

負荷の進行に伴って降伏関数が満足すべき条件は，塑性ポテンシャル f の増分が 0 となることであり，以下のように表される．

$$df = \frac{\partial f}{\partial \sigma_{ij}}d\sigma_{ij} + \frac{\partial f}{\partial \xi_k}d\xi_k = 0 \tag{9.50}$$

上式はプラガーの適応の条件（Prager's consistency condition）とよばれ，負荷の進行に伴って降伏曲面は変化するが，応力点は塑性変形が進んだあとも新しい降伏曲面上に存在することを意味している．

9.9 　硬化則

以上のように，降伏曲面は応力や塑性ひずみ，硬化パラメータ等によって決定される．この降伏曲面の変化を規定するのが**硬化則**（hardening rule）である．硬化

則は，繰り返し変形や圧縮・引張を含むさまざまな負荷過程の違いを正しく反映するものでなければならない．これまでにもさまざまな硬化関数や硬化則が提案されているが，本書ではその中で，もっとも基本的で広く用いられている硬化則について述べることとする．

9.9.1 等方硬化則

塑性変形の進行に伴って降伏曲面は拡大するが，その中心位置や形状の変化を伴わずに単純に大きさのみが変化する硬化則が**等方硬化則**（isotropic hardening rule）である．等方硬化則における降伏曲面の拡大を模式的に表したのが図 9.11 (a) であり，一軸負荷時の応力–ひずみ線図が図 (b) である．π 平面上において降伏曲面の中心が動かないため，圧縮側と引張側の降伏応力の差，つまりバウシンガー効果を表すことができないなど，実際の材料に適用するうえではさまざまな問題があるが，もっとも単純な硬化則であるため広く用いられている．等方硬化則では，後続の降伏関数 f が負荷履歴パラメータ ξ_k の関数として以下の形で与えられる．

$$f = \phi(\sigma_{ij}) - \sigma_f(\xi_k)^2 = 0 \tag{9.51}$$

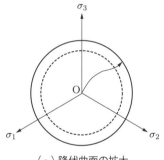

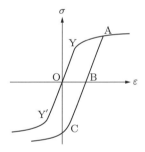

（a）降伏曲面の拡大 　　　　　（b）一軸負荷時の応力–ひずみ線図

図 9.11　等方硬化則

ここでは，ミーゼスの降伏条件を用いて，等方硬化則の流動則について考える．式 (9.51) より，後続の降伏関数はミーゼスの相当応力 $\bar{\sigma}$ と流動応力 σ_f を用いて，

$$f = \bar{\sigma}^2 - \sigma_f^2 = 0 \tag{9.52}$$

と書くことができる．流動応力 σ_f は $\bar{\varepsilon}_0$ の初期状態では初期降伏応力 σ_Y である．偏差応力を用いて降伏関数と塑性ひずみ増分を再記すると，

$$f = \frac{3}{2} s_{ij} s_{ij} - \sigma_f^2 = 0 \tag{9.53}$$

$$d\varepsilon_{ij}^p = \frac{\partial f}{\partial s_{ij}} d\lambda = 3 s_{ij} d\lambda \tag{9.54}$$

となる．ここで，$d\lambda$ は，相当応力 $\bar{\sigma}$ と相当塑性ひずみ増分 $d\varepsilon_{\mathrm{eq}}^p$ を用いて次のように定まる．ただし，dw^p は塑性仕事 w^p の増分である．

$$dw^p = \bar{\sigma} d\varepsilon_{\mathrm{eq}}^p = s_{ij} d\varepsilon_{ij}^p = 3 s_{ij} s_{ij} d\lambda = 2\bar{\sigma}^2 d\lambda$$

$$\therefore \ d\lambda = \frac{d\varepsilon_{\mathrm{eq}}^p}{2\bar{\sigma}} \tag{9.55}$$

よって，流動則として次式が導かれる．

$$d\varepsilon_{ij}^p = \frac{3 d\varepsilon_{\mathrm{eq}}^p}{2\bar{\sigma}} s_{ij} \tag{9.56}$$

式 (9.53) および式 (9.56) より，相当塑性ひずみ増分 $d\varepsilon_{\mathrm{eq}}^p$ を塑性ひずみ増分 $d\varepsilon_{ij}^p$ を用いて表すと，

$$d\varepsilon_{\mathrm{eq}}^p = \sqrt{\frac{2}{3} d\varepsilon_{ij}^p d\varepsilon_{ij}^p} \tag{9.57}$$

となり，式 (9.38) と一致することがわかる[†]．

式 (9.54) は，偏差応力 s_{ij} と塑性ひずみ増分 $d\varepsilon_{ij}^p$ の方向が同一であることを示している．式 (9.52)〜(9.57) により与えられる理論を**ひずみ増分理論**（incremental strain theory）または**流れ理論**（flow theory）とよぶ．

ここで，流動応力と負荷履歴を関係づけるために，材料の硬化は塑性仕事 w^p の一義的関数であるものと考える．

$$\xi_k = w^p = \int dw^p = \int \bar{\sigma} d\varepsilon_{\mathrm{eq}}^p \tag{9.58}$$

式 (9.51), (9.52), (9.58) より，

$$\bar{\sigma} = \sigma_f(\xi_k) = \sigma_f \left(\int \bar{\sigma} d\varepsilon_{\mathrm{eq}}^p \right) = \bar{\sigma}(\varepsilon_{\mathrm{eq}}^p) \tag{9.59}$$

となる．上式より，相当応力 $\bar{\sigma}$ は相当塑性ひずみ $\varepsilon_{\mathrm{eq}}^p$ の関数となることがわかる．

一軸引張試験における応力と塑性ひずみは，それぞれ相当応力と相当塑性ひずみに対応するので，材料の一軸引張試験ないしは一軸圧縮試験より，相当応力と相当

[†]　式 (9.57) を導出する過程はややわかりにくいため，導出手順については演習問題 9.3 の解答例を参照いただきたい．

塑性ひずみの関係を決定することができる.

式 (9.59) より,式 (9.54) で与えられる流動則を以下のように書き改めることができる.

$$d\varepsilon_{ij}^p = \frac{3d\bar{\sigma}}{2H'\bar{\sigma}}s_{ij}, \quad H' = \frac{d\bar{\sigma}}{d\varepsilon_{\mathrm{eq}}^p} \tag{9.60}$$

弾性ひずみ増分 $d\varepsilon_{ij}^e$ を加えることにより,最終的に弾塑性応力 – ひずみ関係式は以下のように書き表せる.

$$d\varepsilon_{ij} = d\varepsilon_{ij}^e + d\varepsilon_{ij}^p = \frac{1-2\nu}{E}d\sigma_0\delta_{ij} + \frac{1}{2G}ds_{ij} + \frac{3d\bar{\sigma}}{2H'\bar{\sigma}}s_{ij} \tag{9.61}$$

上式を**プラントル – ロイス**（Prandtl–Reuss）**の式**とよぶ.

塑性ひずみが弾性ひずみに対して十分に大きい場合には,式 (9.61) における弾性ひずみ項を無視する.すなわち,

$$d\varepsilon_{ij} = \frac{3d\bar{\sigma}}{2H'\bar{\sigma}}s_{ij} = \frac{3}{2}\frac{d\varepsilon_{\mathrm{eq}}^p}{\bar{\sigma}}s_{ij} \tag{9.62}$$

とする.このように,弾性ひずみを無視した**剛塑性体**（rigid-plastic material）として取り扱う場合の流動則を**レヴィ – ミーゼス**（Lévy–Mises）**の式**とよぶ.上式を,ひずみ増分（すなわち塑性ひずみ増分）は偏差応力に比例するものとして一般化すると,以下の式に帰着する.

$$d\varepsilon_{ij} = d\lambda s_{ij} \quad \left(d\lambda = \frac{3}{2}\frac{d\varepsilon_{\mathrm{eq}}^p}{\bar{\sigma}} \right) \tag{9.63}$$

具体的に書き下すと,以下のようになる.

$$\frac{d\varepsilon_{11}}{s_{11}} = \frac{d\varepsilon_{22}}{s_{22}} = \frac{d\varepsilon_{33}}{s_{33}} = \frac{d\varepsilon_{23}}{\sigma_{23}} = \frac{d\varepsilon_{31}}{\sigma_{31}} = \frac{d\varepsilon_{12}}{\sigma_{12}} = d\lambda \tag{9.64}$$

9.9.2 移動硬化則

塑性変形の進行に伴い,降伏曲面の中心位置が移動するという考え方に基づくのが**移動硬化則**（kinematic hardening rule）である.移動硬化則における降伏曲面の移動を模式的に表したのが図 9.12 (a) であり,一軸負荷時の応力 – ひずみ線図が図 (b) である.降伏曲面が移動することにより,バウシンガー効果の表現が可能となる.中心位置の移動を考慮して後続の降伏関数を定義すると,

$$f = \phi(\sigma_{ij} - \alpha_{ij}) - \sigma_{\mathrm{Y}}^2 = 0 \tag{9.65}$$

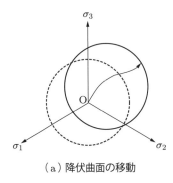

（a）降伏曲面の移動

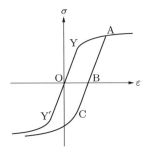

（b）一軸負荷時の応力－ひずみ線図

図 9.12　移動硬化則

のようになる．ここで，$\alpha_{ij} = 0$ の場合が初期の降伏関数に相当する．この移動硬化則の考え方はプラガーによってはじめて提案された．上式の α_{ij} は降伏曲面の中心位置の移動量を表し，**背応力**（back stress）とよばれている．ミーゼスの降伏条件を初期の降伏関数とすると，式 (9.65) は，

$$f = \frac{3}{2}(s_{ij} - \alpha_{ij})(s_{ij} - \alpha_{ij}) - \sigma_Y^2 \tag{9.66}$$

となる．移動硬化則における関連流動則は以下のように表される．

$$d\varepsilon_{ij}^p = \frac{3d\varepsilon_{\text{eq}}^p}{2\sigma_Y}(s_{ij} - \alpha_{ij}) = \frac{9(s_{pq} - \alpha_{pq})ds_{pq}}{4H'\sigma_Y}(s_{ij} - \alpha_{ij}) \tag{9.67}$$

ここで，$s_{pq}, \alpha_{pq}, ds_{pq}$ に関しては，総和をとるインデックスを p, q に置き換えている．降伏曲面の中心の移動 α_{ij} に関しては，ツィーグラーに従い，以下のように定義する．

$$d\alpha_{ij} = d\mu(s_{ij} - \alpha_{ij}) \tag{9.68}$$

ここで，$d\mu$ は $df = 0$ の条件より求められ，以下のようになる．

$$d\mu = \frac{3(s_{pq} - \alpha_{pq})ds_{pq}}{2\sigma_Y^2} \tag{9.69}$$

　前項の等方硬化則では，流動応力 σ_f を累積塑性ひずみの関数とおいている．そのため，繰り返しの塑性変形を受ける場合においては，加工硬化を大きく見積もりすぎる結果となる．一方，移動硬化則においては，繰り返し加工硬化は表現できない．これらの欠点を補うため，両者を組み合わせた**複合硬化則**（combined hardening rule）も提案されている．

$$f = \phi(\sigma_{ij} - \alpha_{ij}) - \sigma_f(\xi_k)^2 = 0 \tag{9.70}$$

複合硬化則においても，繰り返し負荷や反転負荷を正しく表現するために，流動応力をどのように定義するかが課題とされている．

9.9.3　硬化則のまとめ

本章では，塑性ポテンシャル理論に基づく微小変形の弾塑性体の構成式について，ごく基本的な概念を述べた．本章で取り扱ったものからさらに発展された理論として，塑性変形の進行に伴って降伏曲面の形状が変化する**異方硬化理論**や，微小変形から有限変形に拡張した Green and Naghdi の理論，応力–ひずみ関係の時間依存性を考慮した**粘塑性理論**または**時間依存型塑性理論**などさまざまな理論がある．紙面の限りがあり，それらすべてを解説することはできなかったが，必要であれば関連の論文や書籍をぜひ参照されたい．

演習問題

9.1　炭素鋼の引張試験を行って，引張応力とひずみの関係を表 9.1 のように得た．式 (9.3) $(\sigma = F\varepsilon^n)$ を用いて応力とひずみの関係を近似したい．パラメータ F と n を近似的に求めよ（ヒント：応力とひずみの両対数をとり，それらの関係における傾きと"ひずみ $= 1$"の状態における応力を求めることにより，パラメータは近似できる）．

表 9.1

ひずみ	応力 [MPa]
0	0
0.005	210
0.01	250
0.02	300
0.03	330
0.05	380
0.07	410
0.09	440
0.12	470
0.15	500
0.20	530

9.2　主応力空間 $(\sigma_1\text{-}\sigma_2\text{-}\sigma_3)$ において，$\sigma_1 = \sigma_2 = \sigma_3$ の直線に直交する π 平面における降伏曲面の対称性について考察せよ．π 平面上で主方向がそれぞれ $\sigma_1, \sigma_2, \sigma_3$ 軸方向を向く ξ, η, ζ の 3 軸を考えて議論せよ．

9.3 式 (9.53) および式 (9.56) より，相当塑性ひずみ増分（式 (9.57)）が導出される過程を詳しく説明せよ．

9.4 薄肉円管に軸方向の引張応力 $\sigma_z = \sigma_0$ とねじりモーメントが作用しており，ねじりモーメントによるせん断応力を $\tau_{yz} = \tau_0$ とする．一軸引張による降伏応力が σ_Y の場合について，この薄肉円管におけるミーゼスおよびトレスカの降伏条件を導け．

9.5 弾性変形を無視した一軸引張変形において，レヴィ－ミーゼスの式が成り立つことを示せ．

第10章

粘弾性構成式

本章では，材料の構成式において，ひずみと応力の関係がひずみ速度依存型の関係式に従う場合について論じる．ひずみ速度依存型といってもその表現形はさまざまであるが，ここで述べる**線形粘弾性理論**では，ひずみ速度に応じた応力が生じる場合に議論を限定する．この場合の粘弾性体は，振動工学で論じられる線形減衰要素（ダッシュポット）や電気回路における抵抗と等価な力学要素として理解される．線形粘弾性構成式の基本的な概念や，線形の重ね合わせ理論に基づく種々の取り扱い，離散的モデルによる表現などについて解説する．

10.1 ▶ 線形粘弾性体の構成式

まずはじめに，応力とひずみが時間依存の関係を示す線形粘弾性体において定義される，クリープ関数と緩和弾性係数について述べる．粘弾性体は，図 10.1 に示すような，**クリープ**と**応力緩和**とよばれる二つの特徴的な挙動を示す．クリープは，

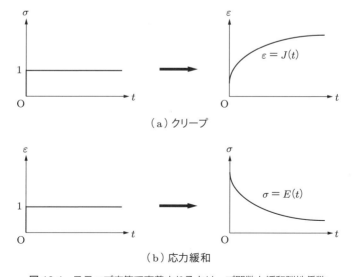

（a）クリープ

（b）応力緩和

図 10.1　ステップ応答で定義されるクリープ関数と緩和弾性係数

粘弾性体に一定の応力を与え保持し続けた場合に,時間の経過とともにひずみが増大する現象のことである(図 (a)).ここで,時刻 $t = 0$ で立ち上がる単位ステップ状の応力 $H(t)$(H はヘビサイドのステップ関数)を与えた際のひずみ応答を,クリープ関数 $J(t)$ と定義する.一方,応力緩和とは,粘弾性体に一定のひずみを与え保持した際に,時間の経過とともに応力が緩和する現象である(図 (b)).ここで,単位ステップ状のひずみ入力に対する応力の応答を緩和弾性係数 $E(t)$ と定義する.粘弾性体の応力とひずみの関係は,このクリープ関数あるいは緩和弾性係数によって記述することができる[†].

さて,線形粘弾性体においては,ひずみと応力の線形性より,重ね合わせの原理を用いることができる.例として,図 10.2 に示すように,粘弾性体に任意の応力が作用する場合について考えよう.応力 $\sigma(t)$ をいくつかのステップ状の応力に分解すれば,$\sigma(t)$ による粘弾性体の応答はステップ状の応力のそれぞれに対する応答の重ね合わせにより求めることができる.ここではまず,図に示すように,応力 $\sigma(t)$ が二つのステップ入力 $\sigma(0)$ と $\Delta\sigma(\tau)$ の重ね合わせであると考えると,ひずみの出力応答は,

$$\varepsilon(t) = \sigma(0)J(t) + \Delta\sigma(\tau)J(t - \tau) \tag{10.1}$$

となる.ここで,上式の右辺第 1 項は,クリープ関数からそのまま計算されるステップ入力の項であり,第 2 項は,時刻 $t = \tau$ に入力された大きさ $\Delta\sigma(\tau)$ に対応して生じる応力の項である.

さらに複雑な応力の入力に対しては,上記のステップ入力の分割をさらに細かくし,さまざまなステップ高さをもつ入力による応答が重ね合わされる(畳み込まれる)と考えればよい(図 10.3).すなわち,ひずみの出力応答は次式のようになる.

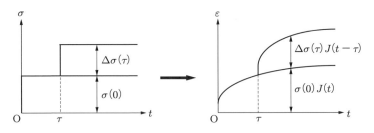

図 10.2 応力とひずみのステップ入力の重ね合わせ

---

† 粘弾性体の構成式はステップ応答関数による記述が一般的であるが,いわゆるインパルス応答を用いて記述することももちろん可能である.

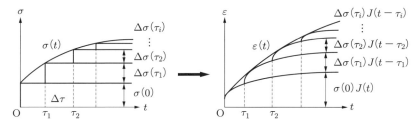

図 10.3 多数のステップ入力による重ね合わせ

$$\varepsilon(t) = \sigma(0)J(t) + \sum_{i=1}^{n} \Delta\sigma(\tau_i)J(t - \tau_i) \tag{10.2}$$

ここで，$\Delta\sigma(\tau_i) = \sigma(\tau_i) - \sigma(\tau_{i-1})$ である．さらに時分割を細かくし，応力増分の極限を応力の時間微分 $d\sigma(\tau)/d\tau$ と微小時間 $d\tau$ との積により表せば，式 (10.2) は次式に帰着する．

$$\varepsilon(t) = \int_0^t J(t - \tau)\frac{d\sigma(\tau)}{d\tau}d\tau + \sigma(0)J(t) \quad (t \geq 0) \tag{10.3}$$

上式は，典型的なステップ関数を用いた畳み込み積分により表現される入出力関係を表していることがわかる．

　同様の手順により，線形粘弾性体に任意のひずみ入力 $\varepsilon(t)$ を作用させた際の応力応答 $\sigma(t)$ は，緩和弾性係数 $E(t)$ を用いることで，以下のように表すことができる．

$$\sigma(t) = \int_0^t E(t - \tau)\frac{d\varepsilon(\tau)}{d\tau}d\tau + \varepsilon(0)E(t) \quad (t \geq 0) \tag{10.4}$$

　式 (10.3) および式 (10.4) は線形な入出力関係を表しているから，ラプラス変換を適用することによって，以下のような単純な入出力関係式に書き換えることができる．

$$\bar{\varepsilon}(s) = s\bar{J}(s) \cdot \bar{\sigma}(s) \tag{10.5}$$

$$\bar{\sigma}(s) = s\bar{E}(s) \cdot \bar{\varepsilon}(s) \tag{10.6}$$

ここで，s はラプラス変換パラメータであり，'‾' が付された物理量は，各物理量のラプラス変換を表す．式 (4.9) と式 (10.5) を比較すれば，弾性コンプライアンスのラプラス変換が $sJ(s)$ に対応することがわかる．一方，式 (4.7) と式 (10.6) を比較すれば，$sE(s)$ は弾性スティフネスのラプラス変換に対応することがわかる†．

---

†　$J(s)$, $E(s)$ は，インパルス応答関数として定義される弾性コンプライアンスと弾性スティフネスのラプラス変換にそれぞれ対応する．

さて，式 (10.5), (10.6) から応力 $\bar{\sigma}(s)$，ひずみ $\bar{\varepsilon}(s)$ を消去すれば，次式のようにクリープ関数と緩和弾性係数の関係式を得る．すなわち，線形粘弾性体の応力－ひずみ関係を決定するという意味においては，クリープ関数と緩和弾性係数のいずれかが求められればよく，両者を求めることは本質的に等価となる．

$$\bar{E}(s) = \frac{1}{s^2 \bar{J}(s)} \tag{10.7}$$

◆コラム◆　ラプラス変換

一価関数 $f(x)$ が x のすべての正値について定義されているとき，$f(x)$ に $\exp(-sx)$ をかけて x について 0 から ∞ まで定積分することによって，

$$F(s) = \int_0^\infty \exp(-sx)f(x)dx \tag{10.8}$$

を得る．なお，s は x に無関係な複素数である．このような関数の変換をラプラス変換という．記法としては

$$F(s) = \mathcal{L}(f) \tag{10.9}$$

などと表す．逆方向の変換は逆ラプラス変換といい，

$$f(x) = \lim_{p \to \infty} \frac{1}{2\pi i} \int_{c-ip}^{c+ip} F(s)\exp(sx)ds \tag{10.10}$$

で定義される．

10.2　粘弾性構成式の温度依存性

熱可塑性・熱硬化性を問わずさまざまな樹脂材料やガラス，ゴムなどの材料は，先に述べた粘弾性的性質を示すとともに，その特性が温度に依存する性質を示す．一般的には応力緩和やクリープといった挙動が，温度が高いほど速度が増す傾向を示す．ここでは粘弾性構成式の温度依存性に関する取り扱いについて述べる．図 10.4 は，ある材料について T_1, T_0, T_2（$T_1 > T_0 > T_2$）の三つの温度における緩和弾性係数を求め，横軸を対数時間として図示した場合の例を示している．一般的に温度依存性を示す線形弾性体，すなわち**熱粘弾性体**においては，これら温度の異なる条件における緩和弾性係数は，横軸を対数時間としたグラフ上において相似

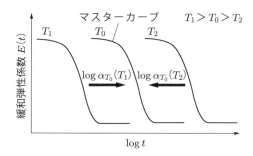

図 10.4 緩和弾性係数の時間温度換算則

のカーブを描くことが知られている．すなわち，温度が低温になるほど緩和弾性係数のカーブは対数時間 $\log t$ の大きなほうに移動し，高温になるほど対数時間 $\log t$ の小さなほうに移動する．つまり，温度変化に対して，$\log t$ 軸に対して形を変えずに移動（シフト）する．この法則を**時間温度換算則**とよぶ．

　時間温度換算則を適用すれば，温度変化が緩和弾性係数に与える影響を時間に置き換えて表現することができる．わかりやすく表現すると，温度がある温度 T_0 から ΔT だけ上昇した場合に，見かけ上，応力緩和とクリープ変形の速度が α_{T_0} 倍になる，すなわち時間が $1/\alpha_{T_0}$ 倍になると考えればよい．

　この場合における係数を温度の関数として表したもの，すなわち $\alpha(T)$ ないしはその対数である $\log \alpha(T)$ を，熱粘弾性理論では**シフトファクター**とよんでいる．シフトファクターはある温度（任意）における緩和弾性係数を基準として，そこからの対数時間軸上でのシフト量として定義される．シフトファクターは基準温度からの移動量として定義する場合と，各温度での緩和弾性係数を基準温度のカーブに一致させる場合の移動量を正として定義する場合の 2 通りがあるが，ここでは後者の定義に従うものとすれば，温度変化 $T - T_0$ が生じた場合の "見かけの時間" t' は，シフトファクター $\alpha(T)$ を用いて以下のように定義できる．

$$t' = \alpha(T) \cdot t \tag{10.11}$$

ここで，t' のことを**換算時間**とよぶ．すでに述べたように，換算時間を用いれば温度の影響は時間に換算することが可能となり，温度に依存する熱粘弾性体の問題を，換算時間軸上での粘弾性体の問題に帰着させることが可能となる．

　基準温度 T_0 における緩和弾性係数のカーブは，種々の温度における緩和弾性係数を代表する構成式となるため，**マスターカーブ**とよばれる．また，シフトファクター $\alpha_{T_0}(T)$ は，一般に基準温度 T_0 において $\alpha_{T_0}(T_0) = 1$ となる．

さて，基準温度における緩和弾性係数を E_{T_0}，任意温度での緩和弾性係数を E_T とすると，両者の関係は，対数時間軸上において次式のように表すことができる．

$$E_{T_0}(\log t) = E_T(\log t - \log \alpha_{T_0}(T)) \tag{10.12}$$

式 (10.12) を実時間での形式に変形させると，以下の式に帰着する．

$$E_{T_0}(t) = E_T\left(\frac{t}{\alpha_{T_0}(T)}\right) \tag{10.13}$$

すなわち，

$$E_T(t) = E_{T_0}(t \cdot \alpha_{T_0}(T)) = E_{T_0}(t') \tag{10.14}$$

となる．結果的に，温度 T における緩和弾性係数は，温度 T_0 における換算時間 t' のマスターカーブに帰着させることができる．

10.3 シフトファクターの取り扱い

本節では，前節で述べたシフトファクターの取り扱い，近似方法について述べる．材料の使用温度範囲をカバーする広い温度範囲においてクリープ関数や緩和弾性係数が得られているのであれば，シフトファクター $\alpha_{T_0}(T)$ を温度の関数（たとえばべき関数など）として近似する方法も一つであるが，測定温度範囲が限られている場合などは，範囲外の温度域におけるシフトファクターを外挿することが求められる．したがって，シフトファクターの近似が不適切だと，外挿された値が本来の値から大きく外れてしまうなどの問題が出る．

シフトファクターの近似法としては，以下のウィリアムス−ランデル−フェリー (Williams, Landel & Ferry) の近似式（以下，WLF シフトファクターとよぶ）がしばしば用いられる．

$$\log \alpha_{T_0} = -\frac{c_1(T - T_s)}{c_2 + T - T_s} \tag{10.15}$$

ここで，$c_1 = 8.86$, $c_2 = 101.6$ は物質によらない普遍の定数であるとされる．T_s は基準温度であるが，一般的にはガラス転移温度 T_g よりも 50 K 程度高い値を用いる．

WLF シフトファクターは，高分子材料のほか，ゴムやガラス類においても広く適用されているが，T_g 以下の温度範囲では誤差が大きくなるなどの課題があることが知られている．また，式 (10.15) の二つの定数 c_1, c_2 を固定したままでは適切な近似が難しいことも多く，汎用的にさまざまな材料の熱粘弾性解析に適用するには

限界があると思われる.

　一方, 活性化エネルギーに基づくシフトファクターの定義式も提案されている. 熱活性化過程を伴う材料の特性変化は, いわゆるアレニウス (Arrhenius) の式に従うことが知られている. この考え方をもとに, ナラヤナスワミ (Narayanaswamy) は以下の形のシフトファクターを提案した.

$$\log \alpha_{T_0} = \frac{\Delta H}{R}\left(\frac{1}{T} - \frac{1}{T_0}\right) \tag{10.16}$$

ここで, ΔH は活性化エネルギー, R は気体定数である[†]. すなわち, 横軸を温度の逆数 $1/T$ としてシフトファクター $\log \alpha_{T_0}$ をプロットすると, 傾きが $\Delta H/R$ の直線となる.

　ナラヤナスワミの式 (10.16) は, 活性化エネルギーにより表される反応速度定数としてシフトファクターを近似しているという点において安心感のある式であるが, 固体からゴム状態 (過冷却液体状態) に至る過程で多くの材料は活性化エネルギーが変化するため, 必ずしも 1 本の直線で近似できるとは限らない. その場合には, 後述のように区分的に直線で近似を行い, それらをつなぎ合わせる形でシフトファクターを定義する.

　図 10.5 は, 硼珪酸ガラス D263 を測定試料とし, 一軸圧縮クリープ試験のデータから, 式 (10.7) を用いて 560〜610℃ の範囲において緩和弾性係数を算出した結果を示している. 図に示されているように, 各温度の緩和弾性係数は横軸を対数時

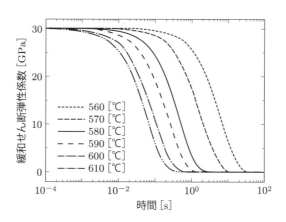

図 10.5　硼珪酸ガラス D263 の粘弾性係数

[†]　すなわち, 活性化エネルギーは, 単原子分子の活性化エネルギーとして近似されることになる. $\Delta H/R$ を一つの定数でおいてもかまわない.

間としたグラフにおいてほぼ同形であり，対数時間軸上に平行移動することによって基準温度（ガラス転移温度 $T_0 = 580{}^{\circ}C$）のグラフにすべて重ね合わせることができる．すなわち，時間温度換算則が成立することが確かめられる．

シフト量 $\log \alpha_{T_0}$ と温度の逆数 $1/T$ の関係を示したのが図 10.6 である．図中の直線は，シフトファクターをナラヤナスワミの式 (10.16) により近似した直線であり，基準温度 $T = 580{}^{\circ}C$ の前後で折れ曲がる形の 2 直線で近似されることが確かめられる．

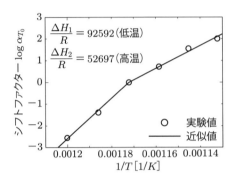

図 10.6 硼珪酸ガラス D263 のシフトファクター

ガラス材料においても，BK-7 などのように一つの傾きの直線で近似できる場合もある．また，樹脂材料では副ガラス転移を有する場合などでは，さらに近似区間を分割しなければならないケースもある．WLF シフトファクター，ナラヤナスワミの式のいずれを用いる場合においても，測定温度範囲における近似精度を十分に確保するとともに，測定範囲外の領域におけるシフトファクターの外挿精度が良好に保たれているかに注意を払う必要がある．

10.4 フォークトモデルによるクリープ関数の近似

本節では，フォークトモデルによりクリープ関数を表すための手順を述べる．通常，フォークトモデル（フォークト要素）とは，弾性要素（ばね要素）と減衰要素（ダッシュポット）が並列に接続されたユニットのことを指す．一般にクリープ関数のフォークトモデルによる近似に際しては，複数のフォークト要素を直列に接続した**一般化フォークトモデル**を用いる．なお，ここでは図 10.7 のように，ひずみ速度無限大における弾性率に相当する瞬間弾性係数 E_0 に対応する弾性要素を直列

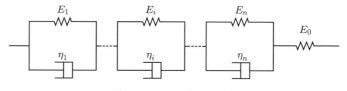

図 10.7　フォークトモデル

にさらに加えている.

　まず, 図の i 番目の要素に注目する. i 番目のフォークト要素に ε_i のひずみを作用させた際, 要素 i に作用する応力を σ_i, ばねに作用する応力を σ_s, ダッシュポットに作用する応力を σ_d とすると, 以下の式が成り立つ.

$$\sigma_i = \sigma_s + \sigma_d \tag{10.17}$$

この要素において弾性係数 E_i のばねに作用する応力 σ_s は, フックの法則より次式で与えられる.

$$\sigma_s = E_i \varepsilon_i \tag{10.18}$$

また, 粘性係数 η_i のダッシュポットに作用する応力 σ_d は, ニュートンの粘性法則より次式で与えられる.

$$\sigma_d = \eta_i \dot{\varepsilon} = \eta_i \frac{d\varepsilon_i}{dt} \tag{10.19}$$

式 (10.17) に式 (10.18), (10.19) を代入すれば, 次式を得る.

$$\sigma_i = E_i \varepsilon_i + \eta_i \frac{d\varepsilon_i}{dt} \tag{10.20}$$

ここで, 遅延時間 $\tau_i = \eta_i / E_i$ を用いて式 (10.20) を書き直すと,

$$\sigma_i = E_i \left(\varepsilon_i + \tau_i \frac{d\varepsilon_i}{dt} \right) \tag{10.21}$$

となる. また, フォークト要素を直列接続した場合, 全体のひずみ ε は各フォークト要素 ($i = 1, 2, \ldots, n$) に生じるひずみの和となるから,

$$\varepsilon = \sum_{i=1}^{n} \varepsilon_i \tag{10.22}$$

が得られる. なお, 瞬間弾性係数 E_0 によるひずみについては後で考慮するものとする. また, 各フォークト要素に作用する応力は等しいので, 次式が成り立つ.

$$\sigma = \sigma_i \tag{10.23}$$

ここで，式 (10.21)〜(10.23) をラプラス変換すると，以下のようになる．

$$\bar{\sigma}_i(s) = E_i(\bar{\varepsilon}_i(s) + s\tau_i\bar{\varepsilon}_i(s)) \tag{10.24}$$

$$\bar{\varepsilon}(s) = \sum_{i=1}^{n} \bar{\varepsilon}_i \tag{10.25}$$

$$\bar{\sigma}(s) = \bar{\sigma}_i(s) \tag{10.26}$$

式 (10.24)〜(10.26) より，フォークトモデルのひずみの時間変動のラプラス変換は，次式で表すことができる．

$$\bar{\varepsilon}(s) = \sum_{i=1}^{n} \frac{\bar{\sigma}(s)}{E_i(1 + s\tau_i)} \tag{10.27}$$

ここで，式 (10.27) に，単位ステップ状の応力 $\bar{\sigma}(s) = 1/s$ を代入すると，クリープ関数のラプラス変換 $\bar{J}(s)$ が次式のように導出される．

$$\bar{J}(s) = \sum_{i=1}^{n} \frac{1}{sE_i(1 + s\tau_i)} \tag{10.28}$$

式 (10.28) に対してラプラス逆変換を適用することにより，実時間におけるクリープ関数 $J(t)$ が次式のように得られる．

$$J(t) = \sum_{i=1}^{n} \frac{1}{E_i}\left\{1 - \exp\left(\frac{-t}{\tau_i}\right)\right\} \tag{10.29}$$

時刻 $t = 0$ における瞬間弾性係数 E_0 によるひずみ $1/E_0$ を考慮すると，最終的に，図 10.7 に示される一般化フォークトモデルのクリープ関数 $J(t)$ は次式のようになる．

$$J(t) = \frac{1}{E_0} + \sum_{i=1}^{n} \frac{1}{E_i}\left\{1 - \exp\left(\frac{-t}{\tau_i}\right)\right\} \tag{10.30}$$

▶ 10.5　マクスウェルモデルによる緩和弾性係数の近似

　以下，粘弾性特性を有限自由度のモデルで近似するための手法について述べる．粘弾性モデルの適用は，粘弾性構成式を用いた応力解析を行ううえで非常に有用である．ここでは，もっとも利用頻度の高いと思われる粘弾性モデルであるマクスウェルモデルについて述べる．

マクスウェルモデルとは，粘弾性体の応力緩和挙動の表現に適した力学モデルである．単純なマクスウェルモデルとは，弾性要素（ばね）と減衰要素（ダッシュポット）を直列に接続したもの（マクスウェル要素）を指す．通常は，このマクスウェル要素を図 10.8 に示すように複数個並列につないだうえで，複雑な緩和挙動を示す粘弾性体の応答を表現する．これを**一般化マクスウェルモデル**とよぶ．なお，図では，さらに無限時間後における弾性定数を表す項として，弾性係数 E_∞ を並列に接続する例を示した．

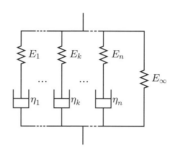

図 10.8 粘弾性マクスウェルモデル

本節ではまず，マクスウェルモデルを用いた時間に依存する緩和弾性係数の算出方法について述べ，次節では周波数に依存する貯蔵弾性率の近似方法について述べる．はじめに，図の k 番目の要素に着目する．k 番目のマクスウェル要素に作用するひずみおよび応力を，それぞれ ε_k, σ_k とする．k 番目のマクスウェル要素に作用するひずみ ε_k は，ばねに作用するひずみ ε_s およびダッシュポットに作用するひずみ ε_d の和となるから，

$$\varepsilon_k = \varepsilon_s + \varepsilon_d \tag{10.31}$$

となる．k 番目のマクスウェル要素のばねに作用する応力 σ_k は，フックの法則より次式で与えられる．

$$\sigma_k = E_k \varepsilon_s \tag{10.32}$$

ここで，E_k は k 番目のマクスウェル要素におけるばね定数を表す．また，ダッシュポットに作用する応力 σ_k は，ニュートン粘性法則より次式で与えられる．

$$\sigma_k = \eta_k \dot{\varepsilon} = \eta_k \frac{d\varepsilon_d}{dt} \tag{10.33}$$

ただし，η_k は k 番目のマクスウェル要素におけるダッシュポットの粘性係数である．ここで，式 (10.31) と式 (10.32) のひずみを時間について微分することで，以

下の二つの式を得る.

$$\frac{d\varepsilon_k}{dt} = \frac{d\varepsilon_d}{dt} + \frac{d\varepsilon_s}{dt} \tag{10.34}$$

$$\frac{d\varepsilon_s}{dt} = \frac{1}{E_k}\frac{d\sigma_k}{dt} \tag{10.35}$$

式 (10.33)〜(10.35) を整理し,η_k/E_k を緩和時間 λ_k で置き換えると次式を得る.

$$E_k\frac{d\varepsilon_k}{dt} = \frac{\sigma_k}{\lambda_k} + \frac{d\sigma_k}{dt} \tag{10.36}$$

ここで,並列に接続された各マクスウェル要素による応力の和 σ を考えると,

$$\sigma = \sum_{k=1}^{n} \sigma_k \tag{10.37}$$

となり,式 (10.36), (10.37) にラプラス変換を適用することにより以下の式を得る.

$$sE_k\bar{\varepsilon}_k(s) = s\bar{\sigma}_k(s) + \frac{\bar{\sigma}_k(s)}{\lambda_k} \tag{10.38}$$

$$\bar{\sigma}(s) = \sum_{k=1}^{n} \bar{\sigma}_k(s) \tag{10.39}$$

式 (10.38) を変形すれば,

$$\bar{\sigma}_k(s) = \frac{s\bar{\varepsilon}_k(s)E_k}{s + 1/\lambda_k} \tag{10.40}$$

となる.式 (10.39) に式 (10.40) を代入し,さらにそれぞれのマクスウェル要素におけるひずみ $\bar{\varepsilon}_k(s)$ がモデル全体のひずみ $\bar{\varepsilon}(s)$ に等しいことを考慮すれば,マクスウェルモデル全体に作用する応力のラプラス変換は,以下の式により表すことができる.

$$\bar{\sigma}(s) = \sum_{k=1}^{n} \frac{s\bar{\varepsilon}(s)E_k}{s + 1/\lambda_k} \tag{10.41}$$

さて,緩和弾性係数は単位ステップ状のひずみ入力に対する応力応答を表すから,式 (10.41) における $\bar{\varepsilon}(s)$ を単位ステップ関数のラプラス変換 $1/s$ に置き換えることにより,緩和弾性係数のラプラス変換 $\bar{E}(s)$ が次式のように得られる.

$$\bar{E}(s) = \sum_{k=1}^{n} \frac{E_k}{s + 1/\lambda_k} \tag{10.42}$$

式 (10.42) に対してラプラス逆変換を適用することにより，以下に示す実時間における緩和弾性係数 $E(t)$ が得られる.

$$E(t) = \sum_{k=1}^{n} E_k \exp\left(\frac{-t}{\lambda_k}\right) \tag{10.43}$$

また，式 (10.43) において，無限時間後の弾性定数 E_∞ を考慮すると，緩和弾性係数 $E(t)$ は以下の式で表される.

$$E(t) = \sum_{k=1}^{n} E_k \exp\left(\frac{-t}{\lambda_k}\right) + E_\infty \tag{10.44}$$

10.6 貯蔵弾性率と損失弾性率

ここまでは，線形な減衰特性をもつ粘弾性体ならびに熱粘弾性体の応答をステップ状の入力に対する過渡応答としてとらえることによって，その応力－ひずみ関係について論じた．ここでは，応力とひずみの関係を周波数軸上で考える．すなわち，正弦関数的変化をもつ応力あるいはひずみ入力に対する出力応答を考えることによって，粘弾性体の構成式（**動的粘弾性**）について議論する.

一般的な粘弾性体では，正弦関数的なひずみ入力に対する応力の出力応答において，入力と出力の間に位相差が生じる．この動的粘弾性における応力とひずみの挙動の模式図を図 10.9 に示す．ここでは以下の 2 式のように，角周波数 ω の正弦波状の応力に対するひずみの応答を考える.

$$\sigma = \sigma_0 \sin(\omega t) \tag{10.45}$$

$$\varepsilon = \varepsilon_0 \sin(\omega t + \delta) \tag{10.46}$$

ここで，σ_0 は応力振幅，ε_0 はひずみ振幅，δ は位相差を示す．弾性体であれば減衰がなく，位相差も 0 となるので $\delta = 0$ である．応力がひずみ速度のみに依存す

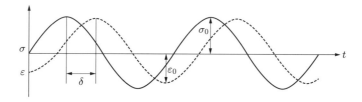

図 10.9 動的粘弾性における応力とひずみの挙動

る粘性体（粘性流体）であれば，$\delta = \pi/2$ となる．粘弾性体は過冷却液体状態（ゴム状態）の物質であり，流体と固体の両方の性質を有しており，一般に位相差 δ は $0 < \delta < \pi/2$ の値をとる．

式 (10.45), (10.46) の調和励振による入力を複素平面で考えると，

$$\sigma = \varepsilon_0(\cos\omega t + i\sin\omega t) = e^{i\omega t} \tag{10.47}$$

$$\varepsilon = \sigma_0\{\cos(\omega t + \delta) + i\sin(\omega t + \delta)\} = e^{i(\omega t + \delta)} \tag{10.48}$$

となり，上記の複素平面上の応力とひずみの比 σ/ε を複素弾性率 E^* とよぶ．また，複素弾性率の実部 E'，虚部 E'' を，それぞれ貯蔵弾性率，損失弾性率とよぶ．

$$E^*(\omega) = E'(\omega) + iE''(\omega) \tag{10.49}$$

続いて，マクスウェルモデルに周期的な振動を与えた場合の応答について考える．その際の複素平面上における k 番目のマクスウェル要素の応力 σ_k は，次式で表される．

$$\sigma_k = \sigma_0(\cos\omega t + i\sin\omega t) = \sigma_0 e^{(i\omega t + \varphi_k)} \tag{10.50}$$

ここで，σ_0 は応力振幅，φ_k は k 番目のユニットにおける位相差を表す．式 (10.50) を式 (10.36) に代入すると，以下のひずみ速度式を得る．

$$E_k\frac{d\varepsilon_k}{dt} = \left(\frac{1}{\lambda_k} + i\omega\right)\sigma_0 e^{(i\omega t + \varphi_k)} \tag{10.51}$$

次に，式 (10.51) を時間に対して積分し，整理すると次式となる．

$$\varepsilon_k = \frac{\sigma_0}{E_k}\left(1 - \frac{i}{\omega\lambda_k}\right)e^{(i\omega t + \varphi_k)} \tag{10.52}$$

式 (10.50) と式 (10.52) の比をとれば，次式を得る．

$$\sigma_k = \frac{\omega\lambda_k}{\omega\lambda_k - i}E_k\varepsilon_k \tag{10.53}$$

式 (10.53) で表される各マクスウェル要素（$k = 1, 2, \ldots, n$）の応力の和をとれば，次式となる．

$$\sigma = \sum_{k=1}^{n}\sigma_k = \sum_{k=1}^{n}\frac{\omega\lambda_k}{\omega\lambda_k - i}E_k\varepsilon \tag{10.54}$$

ただし，各マクスウェル要素のひずみは等しく $\varepsilon = \varepsilon_0 e^{i\omega t}$ であることを考慮した．結果的に，得られた式 (10.54) で示される応力 σ をひずみ ε で割れば，一般化マクスウェルモデルの複素弾性率 E^* を次式のように得る．

$$E^*(\omega) = \sum_{k=1}^{n} \frac{\omega \lambda_k}{\omega \lambda_k - i} E_k \tag{10.55}$$

さらに，無限時間後の弾性係数 E_∞ を考慮し，有理化すると次式に帰着する．

$$E^*(\omega) = \sum_{k=1}^{n} \frac{\omega^2 \lambda_k^2 + i\omega \lambda_k}{1 + \omega^2 \lambda_k^2} E_k + E_\infty \tag{10.56}$$

よって，式 (10.49) より，貯蔵弾性率 E'，損失弾性率 E'' は以下のように表される．

$$E'(\omega) = \sum_{k=1}^{n} \frac{\omega^2 \lambda_k^2}{1 + \omega^2 \lambda_k^2} E_k + E_\infty \tag{10.57}$$

$$E''(\omega) = \sum_{k=1}^{n} \frac{\omega \lambda_k}{1 + \omega^2 \lambda_k^2} E_k \tag{10.58}$$

また，減衰特性を表す指標の一つである損失係数 $\tan \delta$ は次式で定義される．

$$\tan \delta = \frac{E''(\omega)}{E'(\omega)} \tag{10.59}$$

演習問題

10.1　図 10.10 に示されるような 1 要素フォークトモデルに $\sigma(t) = \sigma_0 H(t)$ で表される
ステップ状の応力を入力として与えた場合，時刻 $t = \tau_{\mathrm{V}} = \eta/E$ におけるひずみ $\varepsilon(\tau_{\mathrm{V}})$
と，$t \to \infty$ におけるひずみ $\varepsilon(t \to \infty)$ の比を求めよ．

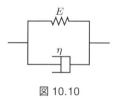

図 10.10

10.2　図 10.11 に示されるような三つのばね要素と二つの減衰要素からなるマクスウェル
モデルにステップ状のひずみ $\varepsilon(t) = \varepsilon_0 H(t)$ を与えた際の応答に関して，以下の設問
に答えよ．

(1) 初期 $(t = +0)$ における応力とひずみの関係を与える弾性係数（瞬間弾性係数）
E_0 を求めよ．

(2) 十分に時間が経過した際の応力の収束値 $\sigma(t \to \infty)$ を求めよ．

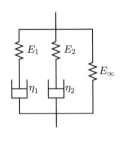

図 10.11

10.3 図 10.12 に示されるような四つのばね要素と三つの減衰要素からなるフォークトモデルにステップ状の応力 $\sigma(t) = \sigma_0 H(t)$ を与えた際の応答について考える. 以下の設問に答えよ.

    (1) 時刻 $t = +0$ における初期ひずみ ε_0 を求めよ.

    (2) 十分に時間が経過した際のひずみの収束値 $\varepsilon(t \to \infty)$ を求めよ.

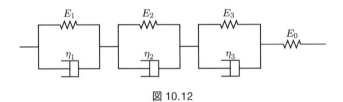

図 10.12

10.4 図 10.13 に示されるような弾性要素 1 個, 減衰要素 1 個からなるフォークトモデル（3 要素ケルビンモデル）について, $\sigma(t) = \sigma_0 H(t)$, $\sigma_0 = 100\,\mathrm{MPa}$ で表されるステップ状の応力が入力される場合を考える. 式 (10.30) を用いて, このモデルのクリープ応答を具体的に計算し, 結果を図示せよ.

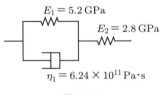

図 10.13

10.5 図 10.14 に示されるような弾性要素 5 個（$E_1 = 0.4\,\mathrm{GPa}$, $E_2 = 1.2\,\mathrm{GPa}$, $E_3 = 1.2\,\mathrm{GPa}$, $E_4 = 1.2\,\mathrm{GPa}$, $E_\infty = 0.1\,\mathrm{GPa}$）, 減衰要素 4 個（$\eta_1 = 1.0 \times 10^{10}\,\mathrm{Pa \cdot s}$, $\eta_2 = 1.0 \times 10^{11}\,\mathrm{Pa \cdot s}$, $\eta_3 = 4.0 \times 10^{11}\,\mathrm{Pa \cdot s}$, $\eta_4 = 1.0 \times 10^{12}\,\mathrm{Pa \cdot s}$）からなるマクスウェルモデルについて, $\varepsilon(t) = \varepsilon_0 H(t)$, $\varepsilon_0 = 0.05$ で表されるステップ状のひずみ入力が与えられる場合を考える. 式 (10.44) を用いて, 応力の緩和挙動を具体的に計算し, 結果を図示せよ.

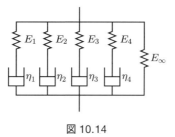

図 10.14

付録**A**

ひずみに関する補足

3.1 節での微小ひずみテンソルの導入は本書独特の方法でなされており，一般的な弾性力学，固体力学，連続体力学における導入方法とは異なっている．この付録では3.1 節でのテンソルの説明を補足するため，連続体力学における微小ひずみテンソルの導入方法を示し，これと本書でのひずみの導入方法との関連を説明する．なお，本節での連続体力学に関する説明は，本書で必要最小限のものにとどめたため，より詳しく学びたい読者は他の連続体力学の本を参照することをお薦めする（たとえば「よくわかる連続体力学ノート」非線形 CAE 協会 編，京谷孝史 著など）．

A.1 連続体力学における微小ひずみの導入

図 A.1 に，連続体力学における連続体の変形前と変形後の概念図を示す．連続体は物質点が隙間なく並んだものとして表記され，この物質点の並び方を配置（configuration）という．変形前，時刻 $t = 0$ における，各物質点の位置ベクトルを $\boldsymbol{X}$ とし，これを参照配置（reference configuration）という．一方，変形が進んで，参照配置で $\boldsymbol{X}$ の位置にあった物質点が位置ベクトル $\boldsymbol{x}$ に移動したとする．この $\boldsymbol{x}$ の配置のことを現配置（current configuration）という．

ここで，参照配置上での微小なベクトル $\Delta\boldsymbol{X}$ を考える．参照配置上の点 $\boldsymbol{X}$ と点 $\boldsymbol{X} + \Delta\boldsymbol{X}$ の現配置上での位置がそれぞれ，$\boldsymbol{x}, \boldsymbol{x} + \Delta\boldsymbol{x}$ であるとする．ここで，$\Delta\boldsymbol{x}$ をテイラー展開によって表すと，

$$\Delta\boldsymbol{x} = \frac{\partial\boldsymbol{x}}{\partial\boldsymbol{X}}\Delta\boldsymbol{X} + \boldsymbol{O}(|\Delta\boldsymbol{X}|^2)$$

となり，$|\Delta\boldsymbol{X}| \to 0$ の極限を考え，テイラー展開の主要な部分をとれば，

$$dx = \frac{\partial\boldsymbol{x}}{\partial\boldsymbol{X}}d\boldsymbol{X} \tag{A.1}$$

となる．このとき，テンソル

$$\boldsymbol{F} = \frac{\partial\boldsymbol{x}}{\partial\boldsymbol{X}} \tag{A.2}$$

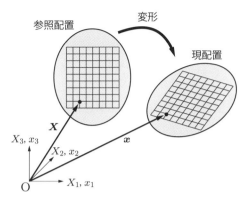

図 A.1 現配置と参照配置

を変形勾配テンソルという.

 この変形勾配テンソルは,参照配置の X 周辺の微小ベクトル dX が変形によってどのように変化するかを表している.この変形勾配テンソル F から,以下のようなテンソル U と R を定義する.

$$U^2 = F^T F, \quad R = FU^{-1} \tag{A.3}$$

これらのテンソルを用いると,変形勾配テンソル F を以下のように分解することができる.

$$F = RU \tag{A.4}$$

このような分解を**右極分解**という.これは,変形勾配テンソル F を左から作用させるという演算を,まず左からテンソル U を作用させ,その後にテンソル R を作用させる,という2種類のテンソルの作用に分解したものである.本書の範囲を超えるので詳しい説明は行わないが,テンソル R はベクトルの長さを変化させることがないことが証明でき,つまり,このテンソルは剛体回転を表している.テンソル U は右ストレッチテンソルとよばれ,剛体回転を除いたベクトルの各方向への引き伸ばしを表している.なお,右極分解の定義より,以下の式が成立する.

$$U^2 = F^T R^{-T} R^T F = F^T F \tag{A.5}$$

また,U より,連続体力学で使用されるひずみテンソルのうちの一つ,グリーンひずみ(Green strain)テンソル E を以下のように定義できる.

$$E = \frac{1}{2}(U^2 - I) = \frac{1}{2}(F^T F - I) \tag{A.6}$$

ここで，変形に関する変位ベクトル場を $\boldsymbol{u}(\boldsymbol{X})$ とすると，$\boldsymbol{x} = \boldsymbol{X} + \boldsymbol{u}$ であるから，式 (A.6) は以下のように計算できる．

$$E_{ij} = \frac{1}{2}\left(\frac{\partial u_i}{\partial X_j} + \frac{\partial u_j}{\partial X_i} + \frac{\partial u_k}{\partial X_i}\frac{\partial u_k}{\partial X_j}\right) \tag{A.7}$$

　グリーンひずみは変位の勾配の 2 次項まで考慮に入れており，比較的変位が大きい，**有限ひずみ問題**とよばれる領域でも適用が可能である．一方，固体力学の範囲では，基本的には**微小変形**を仮定する．微小変形理論では，変位 $\boldsymbol{u}$ の影響が十分小さく，現配置と参照配置はほとんど変化しないと仮定する．つまり，この場合は，座標 $\boldsymbol{X}$ に関する微分と $\boldsymbol{x}$ に関する微分を区別する必要がない．また，変位 $\boldsymbol{u}$ の勾配も十分小さいと仮定される．つまり，変位勾配の 2 次項は微小であるとして無視することが可能である．これらの仮定を式 (A.7) に適用することにより，微小ひずみテンソルが以下のように計算される．

$$\varepsilon_{ij} = \frac{1}{2}\left(\frac{\partial u_i}{\partial x_j} + \frac{\partial u_j}{\partial x_i}\right) \tag{A.8}$$

この式が本文中の式 (3.8) と同じになっていることを確認してほしい．

A.2　本文中の説明と連続体力学による定義との関係

　本節では，前節で示した連続体力学による微小ひずみの導入と，3.1 節での記述との関係を示しておく．3.1 節での微小ひずみテンソルの導入では，まず変形勾配を定義した．式 (A.2) に微小変形理論の仮定を適用すると，$\boldsymbol{x} = \boldsymbol{X} + \boldsymbol{u}$ であることから，

$$\begin{aligned}
\boldsymbol{F} &= \frac{\partial \boldsymbol{x}}{\partial \boldsymbol{X}} = \boldsymbol{I} + \frac{\partial \boldsymbol{u}}{\partial \boldsymbol{x}} \\
F_{ij} &= \delta_{ij} + \frac{\partial u_i}{\partial x_j}
\end{aligned} \tag{A.9}$$

となり，これは式 (3.2) に対応している．これを式 (A.6) の一番右の式に代入して，微小量の 2 乗を無視すれば，微小ひずみ

$$\varepsilon_{ij} = \frac{1}{2}\left(\frac{\partial u_i}{\partial x_j} + \frac{\partial u_j}{\partial x_i}\right) \tag{A.10}$$

となる．

まとめると，3.1 節では，式 (A.6) が，変形後のベクトルと変形前のベクトルの長さの差を算出するテンソルになっていることを利用してグリーンひずみの式を導きつつ，微小変形近似を用いて 2 次項を無視することによって，微小ひずみを算出している．

付録B 質点系における仮想仕事の原理・補仮想仕事の原理の証明

本書の第6章では，固体力学の問題に対するエネルギー法として，仮想仕事の原理，補仮想仕事の原理を説明した．本文中では，質点系における仮想仕事の原理，補仮想仕事の原理を前提として，これを連続体に拡張する形で説明をしている．本付録では，読者の参考のため，質点系における仮想仕事の原理，補仮想仕事の原理の証明を掲載しておく．

B.1 仮想仕事の原理

質点系を考える．質点の数が n 個であるとして，慣性系における質点 r の位置が (x_1^r, x_2^r, x_3^r) で表されるとする．また，この質点にかかる力の合ベクトルを (f_1^r, f_2^r, f_3^r) とする．

このとき，質点に微小な仮想変位 $(\delta x_1^r, \delta x_2^r, \delta x_3^r)$ を加えることを考える．仮想変位は変位境界条件を満足しつつ，任意の値をとれるものとする．仮想仕事の原理は，「この質点系が釣り合い状態にある」ことと「仮想変位によってなされる仕事（仮想仕事）について，系全体で和をとると0になる」ことが同値であることを示す原理である．これを数式で示すと，

$$\delta' W = \sum_{r=1}^{n} \delta x_i^r f_i^r = 0 \tag{B.1}$$

であることが質点系が釣り合い状態にあることと同値である，ということを示している．なお，左辺の $\delta' W$ は系全体の仮想仕事を示している．以下では，質点系での仮想仕事の原理の証明を示す．

まず，「この質点系が釣り合い状態にある」ことが「系全体の仮想仕事の和が0である」ことの十分条件になっていることを示す．質点系が釣り合い状態にある，ということは，全質点に対して，

$$f_i^r = 0 \quad (i = 1, 2, 3, \ r = 1, 2, \ldots, n) \tag{B.2}$$

が成り立つ. f_i^r と仮想変位の内積をとると, 零ベクトルとどのようなベクトルの内積をとっても 0 になるから,

$$\delta x_i^r f_i^r = 0 \quad (r = 1, 2, \ldots, n) \tag{B.3}$$

となる. ただし, 上式は各質点に対して考えており, r については総和規約を適用していないことに注意が必要である. この式を全質点に対して足し合わせれば, 系全体の仮想仕事 $\delta'W$ が計算される. すなわち,

$$\delta'W = \sum_{r=1}^{n} \delta x_i^r f_i^r = 0 \tag{B.4}$$

が得られる. 以上により, 質点系が釣り合いの状態にあるときは, 系全体の仮想仕事の和が 0 になっていることが示された.

次に, 必要条件を考える. すなわち,「系全体の仮想仕事の和が 0 である」とき,「この質点系が釣り合い状態にある」ことを証明する. ここでは, 背理法を用いた証明を行う. まず, 系全体の仮想仕事の和が 0 であるとき, 質点系が釣り合い状態にない場合が存在する, と仮定する. すると, この場合, 質点 r に対してニュートンの第 2 法則を考えると,

$$f_i^r = m^r \frac{d^2 x_i^r}{dt^2} \tag{B.5}$$

(r について和をとらない) に基づいて加速運動するはずである. f_i^r と仮想変位 δx_i^r の内積をとり, 全質点に対して和をとると,

$$\sum_{r=1}^{n} m^r \frac{d^2 x_i^r}{dt^2} \delta x_i = \sum_{r=1}^{n} f_i^r \delta x_i^r \tag{B.6}$$

となる. ここで, 仮想仕事の和は 0 になっていることが前提条件なので上式は 0 になっていなければならない. つまり,

$$\sum_{r=1}^{n} m^r \frac{d^2 x_i^r}{dt^2} \delta x_i^r = 0 \tag{B.7}$$

である. 一方, 仮定から, 質点系は釣り合っていないため, どこかの質点では必ず加速度が発生しているはずである. この釣り合っていない質点を r' とする. 仮想変位は任意の値をとることができるから,

$$\delta x_i^{r'} \frac{d^2 x_i^{r'}}{dt^2} > 0 \tag{B.8}$$

を満たす仮想変位 $\delta x_i^{r'}$ は必ず存在する（たとえば，$\delta x_i^{r'} = d^2 x_i^{r'}/dt^2$ を考えればよい）．したがって，釣り合い状態にない全質点に対してこのような仮想変位を考えると，

$$\sum_{r=1}^{n} m^r \frac{d^2 x_i^r}{dt^2} \delta x_i^r > 0 \tag{B.9}$$

となるような仮想変位が存在してしまうことがわかる．これは仮定（式 (B.7)）に矛盾している．したがって，仮定「系全体の仮想仕事の和が 0 であるとき，質点系が釣り合い状態にない場合が存在する」が偽であることが示され，背理法により，「系全体の仮想仕事の和が 0 であるとき，質点系が釣り合い状態にある」ことが証明された．

　以上により，質点系に対する仮想仕事の原理，「質点系が釣り合い状態にあるということと，仮想仕事の系全体の和が 0 になることは同値である」ことが示された．

　また，もし外力がすべて保存力であり，そのポテンシャルが U で表されるとすると，質点 r にかかる外力は

$$(f_1^r, f_2^r, f_3^r) = \left(-\frac{\partial U}{\partial x_1^r}, -\frac{\partial U}{\partial x_2^r}, -\frac{\partial U}{\partial x_3^r} \right) \tag{B.10}$$

となっている．これを式 (B.1) に代入すれば，

$$\delta' W = \sum_{r=1}^{n} \delta x_i^r f_i^r = -\sum_{r=1}^{n} \frac{\partial U}{\partial x_i^r} \delta x_i^r = -\delta U \tag{B.11}$$

となる．ここで δU は，仮想変位によって生じるポテンシャルエネルギーの変分を表している．これは，釣り合い点においてはポテンシャルエネルギーが停留する（仮想変位に対して変化がない）ことを意味している．

B.2　補仮想仕事の原理

　補仮想仕事の原理は，仮想仕事の原理に対して対になる原理である．仮想仕事の原理は力学的な釣り合いに関する原理であったが，補仮想仕事の原理は幾何学的な適合条件に関する原理である．仮想仕事の原理と同様に，質点系について考える．質点の数が n 個であるとして，慣性系における質点 r を考える．このとき，質点 r には，$f_i^{r(1)}$ から $f_i^{r(m)}$ $(i = 1, 2, 3)$ までの m 個の荷重がかかっているとする．このとき，質点の変位は x_i^r $(i = 1, 2, 3)$ で表されるが，仮想的には m 個の荷重に対応した

m 個の変位を考えることができる．この変位を $x_i^{r(s)}$ $(i=1,2,3,\ s=1,2,\ldots,m)$ と表すことにしよう．

このとき，当然ながら，変位は各荷重に対して異なる値をとることはない．つまり，

$$x_i^{r(1)} = x_i^{r(2)} = \cdots = x_i^{r(m)} \quad (i=1,2,3) \tag{B.12}$$

が成立していることになる．この条件は変位がきちんと一意に存在していることを意味する条件であり，変位の幾何学的適合条件という．

補仮想仕事の原理は，「この質点系について変位の幾何学的な適合条件が満たされている」ことと，「仮想荷重によってなされる仕事（補仮想仕事）の，系全体での和が 0 になる」ことが同値である，という原理である．ここで仮想荷重とは，仮想変位と同様に，系に仮想的に導入される荷重である．仮想荷重は任意の値をとることができるが，釣り合いの条件を満たしている必要がある．すなわち，荷重 $f_i^{r(s)}$ に対応する仮想荷重を $\delta f_i^{r(s)}$ とすると，その条件は，

$$\delta f_i^{r(1)} + \delta f_i^{r(2)} + \cdots + \delta f_i^{r(m)} = 0 \quad (i=1,2,3,\ r=1,2,\ldots,n) \tag{B.13}$$

となる．このとき，質点 r における補仮想仕事は，

$$\delta' W_c^r = \sum_{s=1}^{m} \delta f_i^{r(s)} x_i^{r(s)} \tag{B.14}$$

となる．

では，補仮想仕事の原理を証明してみよう．まず，「この質点系の変位の幾何学的な適合条件が満たされている」ことが「補仮想仕事の和が 0 である」ことの十分条件になっていることを示す．このとき，幾何学的な適合条件は満たされているから，式 (B.12) は満足されている．ここで，変位を

$$x_i^r = x_i^{r(1)} = x_i^{r(2)} = \cdots = x_i^{r(m)} \quad (i=1,2,3)$$

と表すと，質点 r における補仮想仕事は

$$\delta' W_c^r = \sum_{s=1}^{m} \delta f_i^{r(s)} x_i^{r(s)} = x_i^r \sum_{s=1}^{m} \delta f_i^{r(s)} = 0$$

となる．ただし，最右辺については，仮想荷重の条件（式 (B.13)）を用いている．各質点での補仮想仕事が 0 になることから，系全体での補仮想仕事も 0 になる．し

たがって，変位の幾何学的適合条件が満たされているときは，系の補仮想仕事が 0 になることが示された．

次に，必要条件を考える．ここでは，「ある質点に対する補仮想仕事の和が 0 である」とき，「この質点に対する変位の幾何学的適合条件が満たされている」ことを証明しよう．まず，ある質点に対する補仮想仕事の和が 0 であることから，

$$\delta' W_c^r = \sum_{s=1}^{m} \delta f_i^{r(s)} x_i^{r(s)} = 0 \tag{B.15}$$

が成り立つ．仮想荷重が式 (B.13) を満たすことから，

$$\delta f_i^{r(1)} = -\sum_{s=2}^{m} \delta f_i^{r(s)}$$

となり，これを式 (B.15) に代入すると，

$$-\sum_{s=2}^{m} \delta f_i^{r(s)} (x_i^{r(s)} - x_i^{r(1)}) = 0$$

となる．ここで，$\delta f_i^{r(s)}$ は任意の値をとることができる．そのすべてに対して上式は成立しなければならない．そのような状況を満足することのできる条件は，

$$x_i^{r(s)} - x_i^{r(1)} = 0 \quad (s = 2, 3, \ldots, m)$$

の場合しかあり得ない．上式を書き直せば，

$$x_i^{r(1)} = x_i^{r(2)} = \cdots = x_i^{r(m)} \quad (i = 1, 2, 3)$$

となり，これは変位の幾何学的適合条件そのものである．以上により，必要条件を証明することができた．

以上の証明によって，「この質点系について変位の幾何学的な適合条件が満たされている」ことと，「仮想荷重によってなされる仕事（補仮想仕事）の，系全体での和が 0 になる」ことが同値であることを示せた．数式で表せば，

$$\delta' W_c^r = \sum_{s=1}^{m} \delta f_i^{r(s)} x_i^{r(s)} = 0 \tag{B.16}$$

であることと，変位の幾何学的適合条件が満たされていることが同値となっている．

付録C

解の唯一性の証明

　本書の第6章では，弾性問題に対する解の唯一性について触れている．ここでは，その証明を掲載しておく．図 C.1 のように，弾性体で構成されている領域 Ω について，境界 Γ_2 には変位境界条件 $u_i = \bar{u}_i$ が，境界 Γ_1 には荷重境界条件 $t_i = \bar{t}_i$ が課されており，領域 Ω 全体に体積力 $\bar{b}_i$ がかかっているとする．このとき，解の唯一性が成り立たないと仮定して，ある弾性問題に対して2通りの解があるとする．それぞれ，片方の解には上付き添字1を，他の解には上付き添字2をつけ，次のように表す．

$$(u_1^1, u_2^1, u_3^1), \sigma_{11}^1, \dots$$
$$(u_1^2, u_2^2, u_3^2), \sigma_{11}^2, \dots$$

解1，解2について，それぞれの差をとって，以下のような変位，応力を考える．

$$u_i' = u_i^1 - u_i^2 \quad (i = 1, 2, 3)$$
$$\sigma_{ij}' = \sigma_{ij}^1 - \sigma_{ij}^2 \quad (i, j = 1, 2, 3) \tag{C.1}$$

平衡方程式 (2.38) に，それぞれの解1を代入する．ただし，このとき，加速度は0とする．

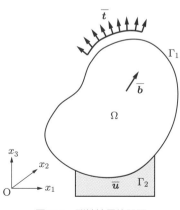

図 C.1　弾性境界値問題

$$\frac{\partial \sigma_{ij}^1}{\partial x_j} + \bar{b}_i = 0 \quad (i = 1, 2, 3)$$

同じように解 2 についても考えられるから，解 1 と解 2 の差をとれば体積力の項が消えるので，

$$\frac{\partial \sigma_{ij}'}{\partial x_j} = 0 \quad (i = 1, 2, 3) \tag{C.2}$$

となる．

物体の境界 Γ_2 での変位境界条件は解 1 も解 2 も満足するから，

$$\begin{aligned} u_i^1 &= \bar{u}_i \quad (i = 1, 2, 3) \\ u_i^2 &= \bar{u}_i \quad (i = 1, 2, 3) \end{aligned} \quad \text{(on } \Gamma_2\text{)}$$

となる．また，境界 Γ_1 において荷重境界条件を満足するので，コーシーの公式 (2.10) を使って，

$$\begin{aligned} t_i^1 &= \sigma_{ij}^1 n_j = \bar{t}_i \quad (i = 1, 2, 3) \\ t_i^2 &= \sigma_{ij}^2 n_j = \bar{t}_i \quad (i = 1, 2, 3) \end{aligned} \quad \text{(on } \Gamma_1\text{)}$$

が成り立つ．ただしここで，(n_1, n_2, n_3) は，Γ_1 の法線の x_1, x_2, x_3 軸方向成分である．

これらについておのおの差をとることにより，

$$u_1' = u_2' = u_3' = 0 \quad \text{(on } \Gamma_2\text{)} \tag{C.3}$$

$$\begin{aligned} \sigma_{11}' n_1 + \sigma_{12}' n_2 + \sigma_{13}' n_3 &= 0 \\ \sigma_{21}' n_1 + \sigma_{22}' n_2 + \sigma_{23}' n_3 &= 0 \quad \text{(on } \Gamma_1\text{)} \\ \sigma_{31}' n_1 + \sigma_{32}' n_2 + \sigma_{33}' n_3 &= 0 \end{aligned} \tag{C.4}$$

なる，プライムつきの変数に対する境界条件を得ることができる．

ここで，式 (C.2) と (u_1', u_2', u_3') の内積をとって，領域 Ω において積分する．すると，

$$\int_\Omega \left(\frac{\partial \sigma_{ij}'}{\partial x_j} u_i' \right) dV = 0 \tag{C.5}$$

となる．総和規約に注意してほしい．全成分を書き下すと以下のようになる．

$$\int_\Omega \left\{ \left(\frac{\partial \sigma_{11}'}{\partial x_1} + \frac{\partial \sigma_{12}'}{\partial x_2} + \frac{\partial \sigma_{13}'}{\partial x_3} \right) u_1' + \left(\frac{\partial \sigma_{21}'}{\partial x_1} + \frac{\partial \sigma_{22}'}{\partial x_2} + \frac{\partial \sigma_{23}'}{\partial x_3} \right) u_2' \right.$$
$$\left. + \left(\frac{\partial \sigma_{31}'}{\partial x_1} + \frac{\partial \sigma_{32}'}{\partial x_2} + \frac{\partial \sigma_{33}'}{\partial x_3} \right) u_3' \right\} dV = 0 \tag{C.6}$$

ここに部分積分とガウスの発散定理を用いれば，

$$\int_\Gamma (\sigma'_{ij} n_j u'_i) dS - \int_\Omega (\sigma'_{ij} \varepsilon'_{ij}) dV = 0 \tag{C.7}$$

となり，全成分を書き下すと，

$$\int_\Gamma \{(\sigma'_{11} n_1 + \sigma'_{12} n_2 + \sigma'_{13} n_3) u'_1 + (\sigma'_{21} n_1 + \sigma'_{22} n_2 + \sigma'_{23} n_3) u'_2$$
$$+ (\sigma'_{31} n_1 + \sigma'_{32} n_2 + \sigma'_{33} n_3) u'_3\} dS$$
$$- \int_\Omega (\sigma'_{11}\varepsilon'_{11} + \sigma'_{22}\varepsilon'_{22} + \sigma'_{33}\varepsilon'_{33} + 2\sigma'_{23}\varepsilon'_{23} + 2\sigma'_{31}\varepsilon'_{31} + 2\sigma'_{12}\varepsilon'_{12}) dV = 0$$
$$\tag{C.8}$$

と変形できる．境界条件 (C.3) および (C.4) から，表面積分の項は 0 になる．体積積分の項について，ラメの定数 λ, μ を用いると，式 (4.31) より，構成式を以下のように書くことができる．

$$\sigma'_{ij} = \lambda \delta_{ij} \varepsilon'_{kk} + 2\mu \varepsilon'_{ij}$$

よって，

$$\sigma'_{11}\varepsilon'_{11} = \lambda(\varepsilon'_{11} + \varepsilon'_{22} + \varepsilon'_{33})\varepsilon'_{11} + 2\mu\varepsilon'^2_{11}$$
$$\sigma'_{22}\varepsilon'_{22} = \lambda(\varepsilon'_{11} + \varepsilon'_{22} + \varepsilon'_{33})\varepsilon'_{22} + 2\mu\varepsilon'^2_{22}$$
$$\sigma'_{33}\varepsilon'_{33} = \lambda(\varepsilon'_{11} + \varepsilon'_{22} + \varepsilon'_{33})\varepsilon'_{33} + 2\mu\varepsilon'^2_{33}$$
$$\sigma'_{23}\varepsilon'_{23} = 2\mu\varepsilon'^2_{23}$$
$$\sigma'_{31}\varepsilon'_{31} = 2\mu\varepsilon'^2_{31}$$
$$\sigma'_{12}\varepsilon'_{12} = 2\mu\varepsilon'^2_{12}$$

となる．ここで，体積ひずみは式 (3.18) で定義したとおり，$e' = \varepsilon'_{11} + \varepsilon'_{22} + \varepsilon'_{33}$ であるから，式 (C.8) の体積積分の項は以下のように書き換えられる．

$$\int_\Omega \{2\mu(\varepsilon'^2_{11} + \varepsilon'^2_{22} + \varepsilon'^2_{33} + 2\varepsilon'^2_{23} + 2\varepsilon'^2_{31} + 2\varepsilon'^2_{12}) + \lambda e'^2\} dV = 0 \tag{C.9}$$

積分の中身はすべて 2 乗和になっているから，式 (C.9) が成立するためには，

$$\varepsilon'_{11} = \varepsilon'_{22} = \varepsilon'_{33} = \varepsilon'_{23} = \varepsilon'_{31} = \varepsilon'_{12} = 0 \tag{C.10}$$

でなければならない．したがって，変位 u'_1, u'_2, u'_3 は Ω の全域で 0 となり，これは解 1 と解 2 が異なっているという仮定と矛盾する．以上から，弾性問題の解はただ一つであることが証明できた．これをキルヒホッフの定理という．この定理の意

味するところは，弾性問題の解を何らかの手段で一つ見つければ，それが唯一の正解であり，他の解を求める必要はない，ということである．ただし，これは線形の場合でしか成立しないことに注意する必要がある．材料や大ひずみなど，系に非線形性が現れる場合は，この定理は必ずしも成立しない．

演習問題略解

▌第1章

1.1 (1) $A_{ii} = A_{11} + A_{22} + A_{33} = 1 + 1 + 1 = 3$

(2) $A_{1k}A_{k2} = A_{11}A_{12} + A_{12}A_{22} + A_{13}A_{32} = 1 \times 2 + 2 \times 1 + 2 \times 2 = 8$

1.2 $A'_{ii} = R_{ik}R_{il}A_{kl}$ である.

ここで,$R_{ik} = \boldsymbol{e}'_i \cdot \boldsymbol{e}_k$ であるから,単位テンソルどうしの内積を考えれば,$R_{ik}R_{il} = (\boldsymbol{e}'_i \cdot \boldsymbol{e}_k)(\boldsymbol{e}'_i \cdot \boldsymbol{e}_l) = \delta_{kl}$ となる.これを上式に代入すれば,$A'_{ii} = \delta_{kl}A_{kl} = A_{kk}$ となり,第1不変量が座標変換に対して不変になっていることがわかる.

1.3 方向余弦テンソルは,

$$\boldsymbol{R} = \begin{bmatrix} 1/2 & \sqrt{3}/2 & 0 \\ -\sqrt{3}/2 & 1/2 & 0 \\ 0 & 0 & 1 \end{bmatrix}$$

となる.また,これにより回転後の成分を行列表記すると,

$$\boldsymbol{A} = \frac{1}{4}\begin{bmatrix} 4+5\sqrt{3} & -7 & 4+8\sqrt{3} \\ -3 & 4-5\sqrt{3} & 8-4\sqrt{3} \\ 6+4\sqrt{3} & 4-6\sqrt{3} & 4 \end{bmatrix}$$

となる.

▌第2章

2.1 点 P における応力テンソルを $\boldsymbol{\sigma}$ とすると,コーシーの公式から,

$$\boldsymbol{t} = \boldsymbol{\sigma}\boldsymbol{n}, \quad \boldsymbol{t}' = \boldsymbol{\sigma}\boldsymbol{n}'$$

が得られる.ここで,$\boldsymbol{n} \cdot \boldsymbol{t}'$ を考えてみると,第2式と $\boldsymbol{n}$ の内積をとればよいから,

$$\boldsymbol{n} \cdot \boldsymbol{t}' = \boldsymbol{n}(\boldsymbol{\sigma}\boldsymbol{n}')$$

となる.ここで,$\boldsymbol{\sigma}\boldsymbol{n}' = \sigma_{ij}n'_j$ であるから,$\boldsymbol{n}(\boldsymbol{\sigma}\boldsymbol{n}') = n_i n'_j \sigma_{ij}$ である.一方,$\boldsymbol{n}' \cdot \boldsymbol{t}$ を考えてみると,$\boldsymbol{n}'(\boldsymbol{\sigma}\boldsymbol{n}) = n'_i n_j \sigma_{ij}$ となる.この添字を入れ替えると,$n_i n'_j \sigma_{ji}$ となる.さらに,応力テンソルは対称テンソルであるから,$\sigma_{ji} = \sigma_{ij}$ となるので,

$$\boldsymbol{n}'(\boldsymbol{\sigma}\boldsymbol{n}) = n_i n'_j \sigma_{ij} = \boldsymbol{n} \cdot \boldsymbol{t}' = \boldsymbol{n}(\boldsymbol{\sigma}\boldsymbol{n}')$$

が得られる.よって,題意が成立することが示された.

2.2 テンソルの固有値を求める.特性方程式を考えると,以下のようになる.

$$\begin{vmatrix} 1-\lambda & 1 & 1 \\ 1 & 1-\lambda & 1 \\ 1 & 1 & 1-\lambda \end{vmatrix} = 0$$

これを解くと，$\lambda = 3, 0$ となる．なお，$\lambda = 0$ は重根となる．これらを代入して固有ベクトルを求めると，それぞれ，$(1/\sqrt{3}, 1/\sqrt{3}, 1/\sqrt{3})$，$(-1/\sqrt{2}, 1/\sqrt{2}, 0)$，$(-1/\sqrt{2}, 0, 1/\sqrt{2})$ となる．したがって，主応力は 3, 0, 0，主応力方向は $(1/\sqrt{3}, 1/\sqrt{3}, 1/\sqrt{3})$，$(-1/\sqrt{2}, 1/\sqrt{2}, 0)$，$(-1/\sqrt{2}, 0, 1/\sqrt{2})$ である．

2.3 平衡方程式 (2.29)〜(2.31) に代入して，

$$\frac{\partial \sigma_x}{\partial x} + \frac{\partial \tau_{xy}}{\partial y} + \frac{\partial \tau_{xz}}{\partial z} = 4xy - 4xy + 0 = 0$$

$$\frac{\partial \tau_{xy}}{\partial x} + \frac{\partial \sigma_y}{\partial y} + \frac{\partial \tau_{yz}}{\partial z} = -2y^2 + 2y^2 + 0 = 0$$

$$\frac{\partial \tau_{xz}}{\partial x} + \frac{\partial \tau_{yz}}{\partial y} + \frac{\partial \sigma_z}{\partial z} = -1 + 2 - 1 = 0$$

となる．平衡方程式をすべて満たしているから，釣り合い状態にある．

2.4 円柱座標系の平衡方程式 (2.48) に代入して，

$$\frac{\partial \sigma_r}{\partial r} + \frac{1}{r}\frac{\partial \tau_{\theta r}}{\partial \theta} + \frac{\partial \tau_{zr}}{\partial z} + \frac{\sigma_r - \sigma_\theta}{r}$$
$$= r(-14\cos^4\theta + 13\cos^2\theta - 1) + r(14\cos^4\theta - 13\cos^2\theta + 1) = 0$$

$$\frac{\partial \tau_{r\theta}}{\partial r} + \frac{1}{r}\frac{\partial \sigma_\theta}{\partial \theta} + \frac{\partial \tau_{z\theta}}{\partial z} + \frac{2\tau_{\theta r}}{r}$$
$$= r(-6\sin\theta\cos\theta + 14\sin\theta\cos^3\theta) + r(6\sin\theta\cos\theta - 14\sin\theta\cos^3\theta) = 0$$

$$\frac{\partial \tau_{rz}}{\partial r} + \frac{1}{r}\frac{\partial \tau_{\theta z}}{\partial \theta} + \frac{\partial \sigma_z}{\partial z} + \frac{\tau_{rz}}{r} = 2z\cos^2\theta - 2z\cos^2\theta = 0$$

となる．平衡方程式をすべて満たしているので，釣り合い状態にある．

2.5 x_3 軸まわりに角度 θ だけ回転させた際の方向余弦テンソルは，

$$\begin{bmatrix} R_{11} & R_{12} & R_{13} \\ R_{21} & R_{22} & R_{23} \\ R_{31} & R_{32} & R_{33} \end{bmatrix} = \begin{bmatrix} \cos\theta & \sin\theta & 0 \\ -\sin\theta & \cos\theta & 0 \\ 0 & 0 & 1 \end{bmatrix}$$

となる．これを用いて応力テンソルの成分を回転させると，

$$\begin{bmatrix} \sigma'_{11} & \sigma'_{12} & \sigma'_{13} \\ \sigma'_{21} & \sigma'_{22} & \sigma'_{23} \\ \sigma'_{31} & \sigma'_{32} & \sigma'_{33} \end{bmatrix}$$
$$= \begin{bmatrix} \cos\theta & \sin\theta & 0 \\ -\sin\theta & \cos\theta & 0 \\ 0 & 0 & 1 \end{bmatrix} \begin{bmatrix} \sigma_1 & 0 & 0 \\ 0 & \sigma_2 & 0 \\ 0 & 0 & \sigma_3 \end{bmatrix} \begin{bmatrix} \cos\theta & -\sin\theta & 0 \\ \sin\theta & \cos\theta & 0 \\ 0 & 0 & 1 \end{bmatrix}$$
$$= \begin{bmatrix} \cos^2\theta\,\sigma_1 + \sin^2\theta\,\sigma_2 & -\sin\theta\cos\theta\,\sigma_1 + \sin\theta\cos\theta\,\sigma_2 & 0 \\ -\sin\theta\cos\theta\,\sigma_1 + \sin\theta\cos\theta\,\sigma_2 & \sin^2\theta\,\sigma_1 + \cos^2\theta\,\sigma_2 & 0 \\ 0 & 0 & \sigma_3 \end{bmatrix}$$

となり，最後の式に対して倍角公式を利用すれば，

$$\begin{bmatrix} \sigma'_{11} & \sigma'_{12} & \sigma'_{13} \\ \sigma'_{21} & \sigma'_{22} & \sigma'_{23} \\ \sigma'_{31} & \sigma'_{32} & \sigma'_{33} \end{bmatrix} = \begin{bmatrix} \dfrac{\sigma_1 + \sigma_2}{2} + \dfrac{\sigma_1 - \sigma_2}{2}\cos 2\theta & -\dfrac{\sigma_1 - \sigma_2}{2}\sin 2\theta & 0 \\ -\dfrac{\sigma_1 - \sigma_2}{2}\sin 2\theta & \dfrac{\sigma_1 + \sigma_2}{2} + \dfrac{-\sigma_1 + \sigma_2}{2}\cos 2\theta & 0 \\ 0 & 0 & \sigma_3 \end{bmatrix}$$

解図 2.1

となる．これを σ'_{11}-σ'_{12} 平面上に図示すると，解図 2.1 のようになる．これは**モールの応力円**とよばれるものであり，材料力学で学んだものである．

2.6 テンソルの固有値を求める．特性方程式を考えると，

$$\begin{vmatrix} -1-\lambda & -1 & 0 \\ -1 & 3-\lambda & 2 \\ 0 & 2 & 3-\lambda \end{vmatrix} = 0$$

となり，これを解くと，$\lambda = 5, 1, -1$ となる．これらを代入して固有ベクトルを求めると，それぞれ，$(0, 1/\sqrt{2}, 1/\sqrt{2})$, $(0, 1/\sqrt{2}, -1/\sqrt{2})$, $(1,0,0)$ となる．したがって，主応力は 5, 1, -1，主応力方向は $(0, 1/\sqrt{2}, 1/\sqrt{2})$, $(0, 1/\sqrt{2}, -1/\sqrt{2})$, $(1,0,0)$ である．

2.7 $I_1 = 3\sigma_0$ であり，また，$\sigma_{11} = s_{11} + \sigma_0$, $\sigma_{22} = s_{22} + \sigma_0$, $\sigma_{33} = s_{33} + \sigma_0$ かつ，$\sigma_{23} = s_{23}$, $\sigma_{32} = s_{32}$, $\sigma_{31} = s_{31}$, $\sigma_{13} = s_{13}$, $\sigma_{12} = s_{12}$, $\sigma_{21} = s_{21}$ であるから，

$$\begin{aligned} I_2 &= \sigma_{22}\sigma_{33} + \sigma_{33}\sigma_{11} + \sigma_{11}\sigma_{22} - \sigma_{23}\sigma_{32} - \sigma_{12}\sigma_{21} - \sigma_{13}\sigma_{31} \\ &= s_{22}s_{33} + s_{33}s_{11} + s_{11}s_{22} - s_{23}s_{32} - s_{12}s_{21} - s_{13}s_{31} \\ &\quad + 3\sigma_0^2 + 2\sigma_0(s_{11} + s_{22} + s_{33}) \end{aligned}$$

となる．ここで，偏差応力の定義から，$s_{11} + s_{22} + s_{33} = 0$ であるから，

$$I'_2 = I_2 - \frac{1}{3}I_1^2$$

となる．I_1, I_2 が座標系に依存しない不変量であったから，偏差応力だけを用いて定義された I'_2 もまた，座標系に依存しない不変量となる．

第3章

3.1 ひずみの適合条件

$$\frac{\partial^2 \varepsilon_{ij}}{\partial x_k \partial x_l} + \frac{\partial^2 \varepsilon_{kl}}{\partial x_i \partial x_j} - \frac{\partial^2 \varepsilon_{lj}}{\partial x_k \partial x_i} - \frac{\partial^2 \varepsilon_{ki}}{\partial x_l \partial x_j} = 0$$

について，i, j, k, l それぞれが 1, 2, 3 の値をとり得るので，$3^4 = 81$ 個の組み合わせがある．これをしらみ潰しにチェックするのは非常に大変なので，チェックする数を減らすことを考える．たとえば，

$$(i, j, k, l) = (1,1,1,1), (2,2,2,2), (3,3,3,3)$$

については，

$$\frac{\partial^2 \varepsilon_{11}}{\partial x_1^2} + \frac{\partial^2 \varepsilon_{11}}{\partial x_1^2} - \frac{\partial^2 \varepsilon_{11}}{\partial x_1^2} - \frac{\partial^2 \varepsilon_{11}}{\partial x_1^2} = 0$$

などとなり，これは自明のため条件にならない．

このように，条件式が自明になる条件を探し，自明になる部分はチェックしないことにする．自明の式になるのは，

$$\frac{\partial^2 \varepsilon_{ij}}{\partial x_k \partial x_l} = \frac{\partial^2 \varepsilon_{lj}}{\partial x_k \partial x_i}$$

かつ，

$$\frac{\partial^2 \varepsilon_{kl}}{\partial x_i \partial x_j} = \frac{\partial^2 \varepsilon_{ki}}{\partial x_l \partial x_j}$$

の場合か，あるいは

$$\frac{\partial^2 \varepsilon_{ij}}{\partial x_k \partial x_l} = \frac{\partial^2 \varepsilon_{ki}}{\partial x_l \partial x_j}$$

かつ，

$$\frac{\partial^2 \varepsilon_{kl}}{\partial x_i \partial x_j} = \frac{\partial^2 \varepsilon_{lj}}{\partial x_k \partial x_i}$$

の場合である．これらが成立するのは $i = l$ のときと，$j = k$ のときである．これらを除いて，(i, j, k, l) をしらみ潰しに調べると，以下のようになる．

① $(i, j, k, l) = (1, 1, 2, 2), (2, 2, 1, 1), (1, 2, 1, 2), (2, 1, 2, 1)$ のとき

$$\frac{\partial^2 \varepsilon_{11}}{\partial x_2^2} + \frac{\partial^2 \varepsilon_{22}}{\partial x_1^2} - \frac{\partial^2 \varepsilon_{21}}{\partial x_2 \partial x_1} - \frac{\partial^2 \varepsilon_{21}}{\partial x_2 \partial x_1} = 0$$

などとなり，これを x, y, z で書き直すと，

$$\frac{\partial^2 \varepsilon_x}{\partial y^2} + \frac{\partial^2 \varepsilon_y}{\partial x^2} = \frac{\partial^2 \gamma_{xy}}{\partial x \partial y}$$

となる．

② $(i, j, k, l) = (1, 1, 2, 3), (2, 3, 1, 1), (1, 1, 3, 2), (3, 2, 1, 1), (1, 2, 1, 3), (1, 3, 1, 2),$
$(2, 1, 3, 1), (3, 1, 2, 1)$ のとき

$$\frac{\partial^2 \varepsilon_{11}}{\partial x_2 \partial x_3} + \frac{\partial^2 \varepsilon_{23}}{\partial x_1^2} - \frac{\partial^2 \varepsilon_{31}}{\partial x_2 \partial x_1} - \frac{\partial^2 \varepsilon_{21}}{\partial x_3 \partial x_1} = 0$$

などとなり，これを x, y, z で書き直すと，

$$2\frac{\partial^2 \varepsilon_x}{\partial y \partial z} = \frac{\partial}{\partial x}\left(-\frac{\partial \gamma_{yz}}{\partial x} + \frac{\partial \gamma_{zx}}{\partial y} + \frac{\partial \gamma_{xy}}{\partial z}\right)$$

となる．

③ $(i, j, k, l) = (1, 1, 3, 3), (3, 3, 1, 1), (1, 3, 1, 3), (3, 1, 3, 1)$ のとき

$$\frac{\partial^2 \varepsilon_{11}}{\partial x_3^2} + \frac{\partial^2 \varepsilon_{33}}{\partial x_1^2} - \frac{\partial^2 \varepsilon_{31}}{\partial x_3 \partial x_1} - \frac{\partial^2 \varepsilon_{31}}{\partial x_3 \partial x_1} = 0$$

などとなり，これを x, y, z で書き直すと，

$$\frac{\partial^2 \varepsilon_z}{\partial x^2} + \frac{\partial^2 \varepsilon_x}{\partial z^2} = \frac{\partial^2 \gamma_{zx}}{\partial z \partial x}$$

となる．

④ $(i, j, k, l) = (1, 2, 3, 2), (3, 2, 1, 2), (1, 3, 2, 2), (2, 2, 1, 3), (2, 1, 2, 3), (2, 3, 2, 1),$
$(2, 2, 3, 1), (3, 1, 2, 2)$ のとき

$$\frac{\partial^2 \varepsilon_{12}}{\partial x_3 \partial x_2} + \frac{\partial^2 \varepsilon_{32}}{\partial x_1 \partial x_2} - \frac{\partial^2 \varepsilon_{22}}{\partial x_1 \partial x_3} - \frac{\partial^2 \varepsilon_{31}}{\partial x_2^2} = 0$$

などとなり，これを x, y, z で書き直すと，

$$2\frac{\partial^2 \varepsilon_y}{\partial z \partial x} = \frac{\partial}{\partial y}\left(\frac{\partial \gamma_{yz}}{\partial x} - \frac{\partial \gamma_{zx}}{\partial y} + \frac{\partial \gamma_{xy}}{\partial z}\right)$$

となる．

⑤ $(i, j, k, l) = (2, 2, 3, 3), (3, 3, 2, 2), (2, 3, 2, 3), (3, 2, 3, 2)$ のとき

$$\frac{\partial^2 \varepsilon_{22}}{\partial x_3^2} + \frac{\partial^2 \varepsilon_{33}}{\partial x_2^2} - \frac{\partial^2 \varepsilon_{32}}{\partial x_3 \partial x_2} - \frac{\partial^2 \varepsilon_{32}}{\partial x_3 \partial x_2} = 0$$

などとなり，これを x, y, z で書き直すと，

$$\frac{\partial^2 \varepsilon_y}{\partial z^2} + \frac{\partial^2 \varepsilon_z}{\partial y^2} = \frac{\partial^2 \gamma_{yz}}{\partial y \partial z}$$

となる．

⑥ $(i, j, k, l) = (1, 2, 3, 3), (3, 3, 1, 2), (1, 3, 2, 3), (2, 3, 1, 3), (2, 1, 3, 3), (3, 3, 2, 1),$
$(3, 1, 3, 2), (3, 2, 3, 1)$ のとき

$$\frac{\partial^2 \varepsilon_{12}}{\partial x_3^2} + \frac{\partial^2 \varepsilon_{33}}{\partial x_1 \partial x_2} - \frac{\partial^2 \varepsilon_{32}}{\partial x_1 \partial x_3} - \frac{\partial^2 \varepsilon_{31}}{\partial x_3 \partial x_2} = 0$$

などとなり，これを x, y, z で書き直すと，

$$2\frac{\partial^2 \varepsilon_z}{\partial x \partial y} = \frac{\partial}{\partial z}\left(\frac{\partial \gamma_{yz}}{\partial x} + \frac{\partial \gamma_{zx}}{\partial y} - \frac{\partial \gamma_{xy}}{\partial z}\right)$$

となる．以上より，題意のとおり六つの式で表現できることがわかる．

3.2　ひずみの適合条件を適用することにより，

$$a_1 + 3b_1 = c_1$$

が必要な条件である．

3.3　ひずみの適合条件を適用することにより，

$$2B + 2C = E$$

が必要な条件である．

▌第4章

4.1　弾性スティフネス行列（単位：GPa，有効桁数 4 桁）

$$\begin{bmatrix} 106.7 & 52.54 & 52.54 & 0 & 0 & 0 \\ & 106.7 & 52.54 & 0 & 0 & 0 \\ & & 106.7 & 0 & 0 & 0 \\ & Sym. & & 27.07 & 0 & 0 \\ & & & & 27.07 & 0 \\ & & & & & 27.07 \end{bmatrix}$$

弾性コンプライアンス行列（単位：GPa^{-1}，有効桁数 4 桁）

$$
\begin{bmatrix}
0.01389 & -0.004580 & -0.004580 & 0 & 0 & 0 \\
 & 0.01389 & -0.004580 & 0 & 0 & 0 \\
 & & 0.01389 & 0 & 0 & 0 \\
 & Sym. & & 0.03694 & 0 & 0 \\
 & & & & 0.03694 & 0 \\
 & & & & & 0.03694
\end{bmatrix}
$$

ラメの定数（単位：GPa）

$$\lambda = 52.54, \quad \mu = 27.07$$

4.2　弾性スティフネス行列（単位：GPa，有効桁数 4 桁）

$$
\begin{bmatrix}
11.43 & 5.726 & 5.833 & 0 & 0 & 0 \\
 & 11.43 & 5.833 & 0 & 0 & 0 \\
 & & 139.0 & 0 & 0 & 0 \\
 & Sym. & & 4.500 & 0 & 0 \\
 & & & & 4.500 & 0 \\
 & & & & & 2.852
\end{bmatrix}
$$

弾性コンプライアンス行列（単位：GPa^{-1}，有効桁数 4 桁）

$$
\begin{bmatrix}
0.1176 & -0.05765 & -0.002520 & 0 & 0 & 0 \\
 & 0.1176 & -0.002520 & 0 & 0 & 0 \\
 & & 0.007407 & 0 & 0 & 0 \\
 & Sym. & & 0.2222 & 0 & 0 \\
 & & & & 0.2222 & 0 \\
 & & & & & 0.3506
\end{bmatrix}
$$

▍第 6 章

6.1　変位を 3 次の多項式にした場合の解は，

$$u(x) = \frac{160}{597}\frac{\bar{t}}{E}x + \frac{10}{597L}\frac{\bar{t}}{E}x^2 + \frac{385}{1791L^2}\frac{\bar{t}}{E}x^3$$

となり，変位を 1 次の多項式にした場合の解は，

$$u(x) = \frac{3}{7}\frac{\bar{t}}{E}x$$

となる．本文で紹介した 2 次の場合と比較したグラフを解図 6.1 に示す．

6.2　右端の強制変位を $\bar{u}$ としたとき，応力を 1 次式で仮定した場合に得られる応力場は，

$$\sigma_x(x) = \frac{E\bar{u}}{L}\left(-\frac{92}{97} + \frac{340}{97L}x\right)$$

となる．

▍第 7 章

7.1　式 (7.27) より，

$$\nabla^2 U = \frac{12M}{bh^3}y = \frac{\partial^2\varphi}{\partial x \partial y}$$

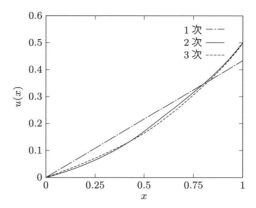

解図 6.1　次数を変化させた場合の解の変化

となるから，座標 x, y で積分すれば，

$$\varphi = \frac{6M}{bh^3}xy^2 + f(x) + g(y) + c$$

となる．ここで，上式の右辺第 1 項の xy^2 は調和関数でないことに注意しなければならない．ゆえに，関数 φ が調和関数となるように $f(x)$ と $g(y)$ を定める必要がある．これらの関数を，

$$f(x) = -\frac{2M}{bh^3}x^3, \quad g(y) = 0$$

とおくと，

$$\varphi = \frac{2M}{bh^3}(3xy^2 - x^3)$$

となり，

$$\nabla^2\varphi = \frac{\partial^2\varphi}{\partial x^2} + \frac{\partial^2\varphi}{\partial y^2} = \frac{12M}{bh^3}x - \frac{12M}{bh^3}x = 0$$

であるから，φ は調和関数であることがわかる．

式 (7.25) および式 (7.26) より，変位 u, v を求めると，本文中の答えと同様，

$$u = \frac{12M}{Ebh^3}xy, \quad v = -\frac{6M}{Ebh^3}(x^2 + \nu y^2)$$

となる．

7.2

$$U = Ar^2$$

であることから，$\nabla^2 U = -2p$ であるから，式 (7.56) より

$$\frac{\partial^2}{\partial r\partial\theta}(r\phi) = -2p$$

となる．上式を座標 r, θ で積分して，

$$\phi = -2p\theta + f(r) + \frac{g(\theta)}{r}$$

が得られる.ここで,ϕ は調和関数であるから $f(r) = 0$, $g(\theta) = 0$ とおくことが可能で,結果的に

$$\phi = -2p\theta$$

と求められる.式 (7.52) に代入すると,周方向変位 u_θ はつねに 0 となる.半径方向変位 u_r は,

$$u_r = -\frac{1-\nu}{E}pr$$

のように求められる.

7.3 応力関数 ϕ について考える.$\nabla^2 U = 0$ となることから,式 (7.56) より

$$\frac{\partial^2}{\partial r \partial \theta}(r\phi) = 0$$

となる.r, θ で積分すると

$$(r\phi) = f(r) + g(\theta) \quad \therefore \phi = \frac{1}{r}(f(r) + g(\theta))$$

となるが,式 (7.55) において u_θ が 0 となることを考慮すると,

$$f(r) = 0, \quad g(\theta) = 0 \quad \therefore \phi = 0$$

となる.よって,式 (7.55) より,半径方向の変位は

$$2Gu_r = -\frac{B}{r} \quad \therefore u_r = \frac{a^2}{2Gr}p$$

となる.

7.4 7.6 節と同様に,二つの問題に分割して重ね合わせることを考えればよい.7.6 節では,問題 (1) について内圧を 0 としていたところ,内圧 p がかかると考えればよいことになる.このため,7.5 節の結果を参考に,エアリの応力関数は

$$U_1 = \frac{\sigma_0}{4}r^2 + a^2\left(-\frac{\sigma_0}{2} - p\right)\log r$$

となる.これにより,

$$\sigma_{r1} = \frac{\sigma_0}{2}\left(1 - \frac{a^2}{r^2}\right) - p\frac{a^2}{r^2}, \quad \sigma_{\theta 1} = \frac{\sigma_0}{2}\left(1 + \frac{a^2}{r^2}\right) + p\frac{a^2}{r^2}, \quad \tau_{r\theta 1} = 0$$

となる.これと式 (7.78) との和をとることにより,

$$\sigma_r = \frac{\sigma_0}{2}\left\{1 - \frac{a^2}{r^2} + \left(1 + \frac{3a^4}{r^4} - \frac{4a^2}{r^2}\right)\cos 2\theta\right\} - p\frac{a^2}{r^2}$$

$$\sigma_\theta = \frac{\sigma_0}{2}\left\{1 + \frac{a^2}{r^2} - \left(1 + \frac{3a^4}{r^4}\right)\cos 2\theta\right\} + p\frac{a^2}{r^2}$$

$$\tau_{r\theta} = -\frac{\sigma_0}{2}\left(1 - \frac{3a^4}{r^4} + \frac{2a^2}{r^2}\right)\sin 2\theta$$

と求めることができる.円孔縁で最大の応力は σ_θ である.$r = a$ として σ_θ を計算すると,

$$\sigma_\theta|_{r=a} = \sigma_0(1 - 2\cos 2\theta) + p$$

となる.応力最大の点は $\theta = \pi/2$ のときであり,$\sigma_{\max} = 3\sigma_0 + p$ となる.したがって応力集中係数は,$\alpha = 3 + p/\sigma_0$ である.結局,内圧による変化は,「p に対して線形に増加

する．その変化率は p/σ_0 である」ということになる．

7.5　エアリの応力関数から得られる応力は，

$$\sigma_r = \frac{1}{2}\sigma_A(1 + \cos 2\theta) + \frac{1}{2}\sigma_B(1 - \cos 2\theta) + \frac{A}{r^2} - \frac{6B\cos 2\theta}{r^4} - \frac{4C\cos 2\theta}{r^2}$$

$$\sigma_\theta = \frac{1}{2}\sigma_A(1 - \cos 2\theta) + \frac{1}{2}\sigma_B(1 + \cos 2\theta) - \frac{A}{r^2} + \frac{6B\cos 2\theta}{r^4}$$

$$\tau_{r\theta} = -\frac{1}{2}\sigma_A\sin 2\theta + \frac{1}{2}\sigma_B\sin 2\theta - \frac{6B\sin 2\theta}{r^4} - \frac{2C\sin 2\theta}{r^2}$$

となる．円孔縁での境界条件は，$r = a$ において $\sigma_r = 0$, $\tau_{r\theta} = 0$ である．これを上記の式に代入すれば，

$$A = -\frac{a^2(\sigma_A + \sigma_B)}{2}, \quad B = -\frac{a^4(\sigma_A - \sigma_B)}{4}, \quad C = \frac{a^2(\sigma_A - \sigma_B)}{2}$$

となる．

　　したがって，円孔縁の周方向の応力は

$$\sigma_\theta = \sigma_A(1 - \cos 2\theta) + \sigma_B(1 + \cos 2\theta)$$

となる．

7.6　演習問題 7.5 の解答に $\sigma_A = \sigma_B$ を代入すれば，

$$\sigma_\theta = 2\sigma_A$$

となるから，円孔縁には θ によらず $2\sigma_A$ の応力がかかることになる．したがって，応力集中係数は 2 となる．

▍第 8 章

8.1　円板の周囲で $w = 0$ であることは拘束支持と同様であるが，単純支持の場合は $M_r = 0$ でなければならない．ここで M_r を考えると，モーメントの定義式 (8.3) を参照して，

$$M_r = \int_{-h/2}^{h/2} z\sigma_r dz$$

が得られる．構成式を用いて σ_r をひずみで書くと，

$$\sigma_r = \frac{E}{1 - \nu^2}(\varepsilon_r + \nu\varepsilon_\theta)$$

となる．キルヒホッフの仮定を用いていることから，変位は

$$u_r = u_r^0 - z\frac{\partial w}{\partial r}, \quad u_\theta = u_\theta^0 - \frac{z}{r}\frac{\partial w}{\partial \theta}$$

となる．なお，上付き添字 0 がついているものは，中央面での変位である．これをひずみの定義式に入れると，

$$\varepsilon_r = \frac{\partial u_r^0}{\partial r} - z\frac{\partial^2 w}{\partial r^2}, \quad \varepsilon_\theta = \frac{1}{r}u_r^0 - \frac{z}{r}\frac{\partial w}{\partial r} + \frac{1}{r}\frac{\partial u_\theta^0}{\partial \theta} - \frac{z}{r^2}\frac{\partial^2 w}{\partial \theta^2}$$

となる．これを応力の式，およびモーメントの定義式に順次代入すれば，

$$M_r = -D\left(\frac{\partial^2 w}{\partial r^2} + \frac{\nu}{r}\frac{\partial w}{\partial r} + \frac{\nu}{r^2}\frac{\partial^2 w}{\partial \theta^2}\right)$$

となる．円板周囲の境界条件を考えると，$r = a$ でつねに $w = 0$ であることから，$\partial^2 w / \partial \theta^2 = 0$ である．これより，

$$M_r|_{r=a} = -D\left(\frac{\partial^2 w}{\partial r^2} + \frac{\nu}{a}\frac{\partial w}{\partial r}\right) = 0$$

となる．したがって，周囲を単純支持された円板の周囲の境界条件は，$r = a$ において，

$$w = 0, \quad \frac{\partial^2 w}{\partial r^2} + \frac{\nu}{a}\frac{\partial w}{\partial r} = 0$$

となる．

8.2 8.4 節で紹介した斉次方程式に関する一般解は変化しない．また，この問題の場合，たわみが θ に依存しないことは明らかである．また，特解

$$w = \frac{p_0 r^4}{64D}$$

は，拘束が変化しても変化しない．これより，たわみ方程式の一般解は

$$w = A_0 + B_0 \log r + C_0 r^2 + D_0 r^2 \log r + \frac{p_0 r^4}{64D}$$

であり，これを演習問題 8.1 の単純支持の境界条件に代入して，条件を満たす係数 A_0, B_0, C_0, D_0 を見つければよい．$r = 0$ において変位・応力は有限なので，$B_0 = D_0 = 0$ である．また，$r = a$ において $M_r = 0$ より，

$$C_0 = -\frac{p_0 a^2}{32D}\frac{3+\nu}{1+\nu}$$

である．次に，$r = a$ において $w = 0$ より，

$$A_0 = \frac{p_0 a^4}{64D}\frac{5+\nu}{1+\nu}$$

となる．以上から，周辺単純支持の場合のたわみは，

$$w = \frac{p_0}{64D}\left(\frac{5+\nu}{1+\nu}a^4 - 2\frac{3+\nu}{1+\nu}a^2 r^2 + r^4\right)$$

となる．最大たわみは $r = 0$ のときで，

$$w = \frac{p_0}{64D}\frac{5+\nu}{1+\nu}a^4$$

となる．周辺拘束支持の場合と比較して，$(5+\nu)/(1+\nu)$ 倍の最大たわみが生じることになる．

8.3 まず境界条件について考える．$x = 0, a$ の辺については通常の単純支持なので，

$$w = 0, \quad \frac{\partial^2 w}{\partial x^2} = 0$$

となる．一方，$y = \pm b/2$ の辺においては，たわみ 0 および分布モーメント M_0 の条件から，

$$w = 0, \quad \frac{\partial^2 w}{\partial y^2} = -\frac{M_0}{D}$$

となる．

たわみ w の式を，$q_z = 0$ のときのたわみの方程式に代入すると，

$$\sum_{m=1}^{\infty}\left[\left\{\left(\frac{m\pi}{a}\right)^4 f_m(y) + \frac{d^4 f_m(y)}{dy^4} - 2\left(\frac{m\pi}{a}\right)^2 \frac{d^2 f_m(y)}{dy^2}\right\}\sin\frac{m\pi x}{a}\right] = 0$$

が得られる．これは各 m に対して成立しなければならないから，$f_m(y)$ が満たすべき微分方程式は，

$$\frac{d^4 f_m(y)}{dy^4} - 2\left(\frac{m\pi}{a}\right)^2 \frac{d^2 f_m(y)}{dy^2} + \left(\frac{m\pi}{a}\right)^4 f_m(y) = 0$$

となる．この形の微分方程式の解の形は

$$f_m(y) = A_m \sinh\frac{m\pi}{a}y + B_m \cosh\frac{m\pi}{a}y$$
$$+ C_m y \sinh\frac{m\pi}{a}y + D_m y \cosh\frac{m\pi}{a}y$$

となる．定数の形を見直して，

$$f_m(y) = A_m \sinh\frac{m\pi}{a}y + B_m \cosh\frac{m\pi}{a}y$$
$$+ C_m \frac{m\pi}{a}y \sinh\frac{m\pi}{a}y + D_m \frac{m\pi}{a}y \cosh\frac{m\pi}{a}y$$

としておく．まず，境界条件から，たわみ w は y について対称になるのは明らかなので，$A_m = D_m = 0$ である．さらに，境界条件のうち，$x = 0, a$ において $w = 0$ および $\partial^2 w/\partial x^2 = 0$ は自動的に満たされる．

$y = \pm b/2$ における境界条件のうち，たわみ $w = 0$ について考えると，

$$w|_{b=b/2} = w|_{b=-b/2}$$
$$= \sum_{m=1}^{\infty}\left\{\left(B_m \cosh\frac{m\pi}{a}\frac{b}{2} + C_m \frac{m\pi}{a}\frac{b}{2}\sinh\frac{m\pi}{a}\frac{b}{2}\right)\sin\frac{m\pi}{a}x\right\} = 0$$

であり，この式の両辺に $\sin(n\pi/a)$（ただし n は整数）をかけて 0 から a まで x で積分すれば，三角関数の直交性から以下の式が成立する．

$$B_m \cosh\frac{m\pi}{a}\frac{b}{2} + C_m \frac{m\pi}{a}\frac{b}{2}\sinh\frac{m\pi}{a}\frac{b}{2} = 0$$
$$\therefore B_m = -C_m\left(\frac{m\pi b}{2a}\right)\tanh\frac{m\pi b}{2a}$$

これにより，

$$w = \sum_{m=1}^{\infty}\left[C_m\left\{-\left(\frac{m\pi b}{2a}\right)\tanh\frac{m\pi b}{2a}\cosh\frac{m\pi}{a}y + \frac{m\pi}{a}y\sinh\frac{m\pi}{a}y\right\}\sin\frac{m\pi}{a}x\right]$$

となる．ここにさらにモーメントに関する境界条件を考えると，

$$\frac{\partial^2 w}{\partial y^2}\bigg|_{y=-b/2} = \sum_{m=1}^{\infty}\left\{2C_m\left(\frac{m\pi}{a}\right)^2 \cosh\frac{m\pi b}{2a}\sin\frac{m\pi}{a}x\right\} = -\frac{M_0}{D}$$

となり，ここに先ほどと同じく三角関数の直交性を利用した演算を施すことにより，

$$C_m = \left(\frac{M_0}{D}\right)\left(\frac{a}{m\pi}\right)^3 \frac{1}{a}\frac{\cos m\pi - 1}{\cosh(m\pi b/2a)}$$

となる. 結局, たわみは以下のようになる.

$$w = \frac{M_0 a^2}{D\pi^3} \sum_{m=1}^{\infty} \left[\frac{\cos m\pi - 1}{m^3 \cosh(m\pi b/2a)} \left\{ -\left(\frac{m\pi b}{2a}\right) \tanh \frac{m\pi b}{2a} \cosh \frac{m\pi}{a} y \right. \right.$$
$$\left. \left. + \frac{m\pi}{a} y \sinh \frac{m\pi}{a} y \right\} \sin \frac{m\pi}{a} x \right]$$

8.4 この問題の場合, たわみは θ には依存しない. また, 外半径側の境界条件は単純支持なので, $r = b$ において

$$w = 0, \quad \frac{d^2w}{dr^2} + \frac{\nu}{r}\frac{dw}{dr} = 0$$

となる. 内半径側 ($r = a$) については, 一様モーメントがかかるものの, 面外せん断合応力は 0 であることが条件になるので,

$$\frac{d^2w}{dr^2} + \frac{\nu}{a}\frac{dw}{dr} = -\frac{M_1}{D}$$
$$\frac{d^3w}{dr^3} + \frac{1}{a}\frac{d^2w}{dr^2} - \frac{1}{a^2}\frac{dw}{dr} = 0$$

が境界条件となる.

この問題の場合, 分布荷重 q_z は全域で 0 であるから, たわみの一般解は

$$w = A_0 + B_0 \log r + C_0 r^2 + D_0 r^2 \log r$$

となる. これに上で求めた四つの境界条件を適用すると,

$$A_0 = -\frac{M_1 a^2 b^2}{D(1-\nu)(b^2-a^2)} \log b - \frac{M_1 a^2}{2D(1+\nu)(b^2-a^2)} b^2,$$
$$B_0 = \frac{M_1 a^2 b^2}{D(1-\nu)(b^2-a^2)}, \quad C_0 = \frac{M_1 a^2}{2D(1+\nu)(b^2-a^2)}, \quad D_0 = 0$$

と求められる. したがって, たわみ w は,

$$w = \frac{M_1 a^2 b^2}{D(1-\nu)(b^2-a^2)} \log \frac{r}{b} - \frac{M_1 a^2}{2D(1+\nu)(b^2-a^2)}(b^2-r^2)$$

となる.

第 9 章

9.1 $\sigma = F\varepsilon^n$ の両辺の対数をとれば,

$$\log_{10} \sigma = \log_{10} F + n \log_{10} \varepsilon$$

となる. よって, $\log_{10} \sigma$ を縦軸, $\log_{10} \varepsilon$ を横軸にとり, 1 次近似直線を求めれば, その傾きがパラメータ n に一致し, $\varepsilon = 1$ すなわち $\log_{10} \varepsilon = 0$ の際の応力値がパラメータ F となる. この問題では, $F \simeq 7.89 \times 10^8 = 789$ MPa, $n \simeq 0.25$ となる.

9.2 今, 解図 9.1 のような π 平面上の降伏曲面を考え, この降伏曲面上の点 A$(\hat{\sigma}_1, \hat{\sigma}_2, \hat{\sigma}_3)$ を考える. 式 (9.7) で与えられる降伏関数は, 等方性の仮定により σ_1 と σ_2 を入れ替えてもまったく同じ式であるから, 降伏曲面は図の ζ 軸に対して対称である. すなわち, 点 A には ζ 軸に関して対称な点 A$'$ が存在し, 点 A$'$ もまた降伏曲面上に位置する. $\sigma_1, \sigma_2, \sigma_3$ のうち任意の二つの応力について同様の議論が成立するので, 結果的に ξ 軸, η 軸につい

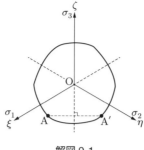

解図 9.1

ても降伏曲面は対称となる．よって，降伏曲線は，120° ごとに対称な形状を組み合わせた曲線となることがわかる．

9.3 式 (9.53) より，

$$\bar{\sigma}^2 = \frac{3}{2} s_{ij} s_{ij}$$

であるから，2 乗した式 (9.56) に上式を代入して変形すれば，以下のようになる．

$$d\varepsilon_{ij}^p d\varepsilon_{ij}^p = \frac{3}{2} \left(\frac{d\varepsilon_{\mathrm{eq}}^p}{\sigma} \right)^2 \left(\frac{3}{2} s_{ij} s_{ij} \right) = \frac{3}{2} (d\varepsilon_{\mathrm{eq}}^p)^2$$

$$\therefore d\varepsilon_{\mathrm{eq}}^p = \sqrt{\frac{2}{3} d\varepsilon_{ij}^p d\varepsilon_{ij}^p}$$

9.4 二軸応力状態での主応力 σ_1, σ_2 は，

$$\sigma_1 = \frac{\sigma_0}{2} + \sqrt{\frac{\sigma_0^2}{2} + \tau_0^2}, \quad \sigma_2 = \frac{\sigma_0}{2} - \sqrt{\frac{\sigma_0^2}{2} + \tau_0^2}$$

であり，ミーゼスの相当応力を主応力で表すと，

$$\sigma_{\mathrm{eq}} = \sqrt{\frac{(\sigma_1 - \sigma_2)^2 + (\sigma_2 - \sigma_3)^2 + (\sigma_3 - \sigma_1)^2}{2}}$$

である．σ_1, σ_2 を上式に代入して整理すれば，

$$\sigma_{\mathrm{eq}} = \sqrt{\sigma_0^2 + 3\tau_0^2}$$

となる．一軸引張の降伏応力 σ_Y は降伏が生じる際のミーゼス相当応力に等しいので，最終的に，ミーゼスの降伏条件は以下のようになる．

$$\sigma_0^2 + 3\tau_0^2 \geq \sigma_Y^2$$

次に，主せん断応力 τ_1, τ_2 を σ_0, τ_0 を用いて表すと，

$$\tau_1 = \sqrt{\frac{\sigma_0^2}{2} + \tau_0}, \quad \tau_2 = -\sqrt{\frac{\sigma_0^2}{2} + \tau_0}$$

となる．一軸応力状態の降伏応力 σ_Y よりせん断降伏応力を求めると，せん断降伏応力 τ_Y は $\sigma_Y/2$ である．トレスカの降伏条件は主せん断応力で決まるので，最終的に，トレスカの降伏条件は以下のように書ける．

$$\sqrt{\frac{\sigma_0^2}{2} + \tau_0^2} \geq \frac{\sigma_Y}{2} \quad \therefore \sigma_0^2 + 4\tau_0 \geq \sigma_Y^2$$

9.5 x_1 軸方向の一軸引張を考えて，その応力を σ_{11}，ひずみ増分を $d\varepsilon_{11}^p$ とおく．一軸引張を考えているので，$\sigma_{22} = \sigma_{33} = 0$ である．また，体積一定条件より，

$$d\varepsilon_{22}^p = d\varepsilon_{33}^p = -\frac{1}{2}d\varepsilon_{11}^p$$

である．各軸方向の偏差応力はそれぞれ，

$$\sigma_{11}' = \sigma_{11} - \frac{1}{3}\sigma_{11} = \frac{2}{3}\sigma_{11}, \quad \sigma_{22}' = \sigma_{33}' = -\frac{1}{3}\sigma_{11}$$

であるから，結果的に

$$\frac{d\varepsilon_{11}^p}{\sigma_{11}'} = \frac{d\varepsilon_{22}^p}{\sigma_{22}'} = \frac{d\varepsilon_{33}^p}{\sigma_{33}'} = \frac{3}{2}\frac{d\varepsilon_{11}^p}{\sigma_{11}}$$

となり，式 (9.64) で与えられる剛塑性体のレヴィ–ミーゼスの式に帰着することがわかる．

▌第 10 章

10.1 クリープひずみは

$$\varepsilon(t) = \frac{\sigma_0}{E}\left\{1 - \exp\left(\frac{-t}{\tau}\right)\right\}$$

で与えられる．ただし，$\tau = \eta/E$ である．$t = \tau_{\mathrm{V}} = \eta/E$ におけるひずみは，

$$\varepsilon(\tau_{\mathrm{V}}) = \frac{\sigma_0}{E}\left(1 - \frac{1}{e}\right)$$

となる．時刻無限大におけるひずみは，$\varepsilon(t \to \infty) = \sigma_0/E$ なので，結果的にこれらの比をとれば以下の答えを得る．

$$\frac{\varepsilon(\tau_{\mathrm{V}})}{\varepsilon(t \to \infty)} = 1 - \frac{1}{e}$$

10.2 (1) $t = +0$ ではひずみ速度無限大の変形となるため，二つのダッシュポットにおける変形抵抗（粘性抵抗）は無限大となり，与えられたマクスウェルモデルは三つの弾性要素 E_1, E_2, E_∞ を並列接続したモデルと等価となる．

$$E_0 = E_1 + E_2 + E_\infty$$

結果的に $t = +0$ における応力は，以下のようになる．

$$\sigma_0 = E_0\varepsilon_0 = (E_1 + E_2 + E_\infty)\varepsilon_0$$

(2) $t \to \infty$ ではひずみ速度は 0 となり，ダッシュポットの粘性抵抗はすべて 0 となる．E_1 と η_1 のマクスウェル要素，E_2 と η_2 のマクスウェル要素における剛性は考慮しなくてよく，E_∞ のみがモデルの剛性に寄与する．したがって，$\sigma(t \to \infty)$ は以下のようになる．

$$\sigma(t \to \infty) = E_\infty\varepsilon_0$$

10.3 (1) $t = +0$ では三つのダッシュポットにおける粘性抵抗は無限大となるため，終端の弾性要素 E_0 のみがこのモデルの剛性に寄与する．

$$\varepsilon_0 = \frac{\sigma_0}{E_0}$$

(2) $t \to \infty$ ではひずみ速度が 0 となるため，ダッシュポットにおける粘性抵抗はすべて 0 となる．したがって，弾性要素 E_0, E_1, E_2, E_3 が直列に接続された状態での等価剛性を

考えることによって，$t \to \infty$ におけるひずみを求めることができる．

$$\frac{1}{E_\infty} = \frac{1}{E_0} + \frac{1}{E_1} + \frac{1}{E_2} + \frac{1}{E_3}$$

$$\therefore E_\infty = \frac{E_0 E_1 E_2 E_3}{E_0 E_1 E_2 + E_1 E_2 E_3 + E_2 E_3 E_0 + E_3 E_0 E_1}$$

$$\varepsilon(t \to \infty) = \frac{\sigma_0}{E_\infty} = \frac{\sigma_0(E_0 E_1 E_2 + E_1 E_2 E_3 + E_2 E_3 E_0 + E_3 E_0 E_1)}{E_0 E_1 E_2 E_3}$$

10.4　本モデルにおけるクリープ関数は，

$$J(t) = \frac{1}{E_2} + \frac{1}{E_1}\left\{ 1 - \exp\left(-\frac{E_1}{\eta_1}t\right) \right\}$$

である．よって，ステップ状の応力 $\sigma(t) = \sigma_0 H(t)$ に対するひずみ出力を求めれば，

$$\varepsilon(t) = \sigma_0 J(t) = \frac{\sigma_0}{E_2} + \frac{\sigma_0}{E_1}\left\{ 1 - \exp\left(-\frac{E_1}{\eta_1}t\right) \right\}$$

となる．$E_1 = 5.2\,\mathrm{GPa}$, $E_2 = 2.8\,\mathrm{GPa}$, $\eta_1 = 6.24 \times 10^{11}\,\mathrm{Pa \cdot s}$ を代入して，0～500 s におけるひずみの時刻歴を計算すれば，解図 10.1 のようになる．

10.5　本モデルにおける緩和弾性係数は，

$$E(t) = \sum_{k=1}^{4} E_k \exp\left(-\frac{E_k}{\eta_k}t\right) + E_\infty$$

である．$E_1 = 0.4\,\mathrm{GPa}$, $E_2 = 1.2\,\mathrm{GPa}$, $E_3 = 1.2\,\mathrm{GPa}$, $E_4 = 1.2\,\mathrm{GPa}$, $E_\infty = 0.1\,\mathrm{GPa}$, $\eta_1 = 1.0 \times 10^{10}\,\mathrm{Pa \cdot s}$, $\eta_2 = 1.0 \times 10^{11}\,\mathrm{Pa \cdot s}$, $\eta_3 = 4.0 \times 10^{11}\,\mathrm{Pa \cdot s}$, $\eta_4 = 1.0 \times 10^{12}$ Pa·s の各係数を代入して，0～500 s における応力の時刻歴を計算すれば，解図 10.2 のようになる．

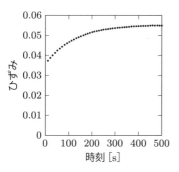

解図 10.1

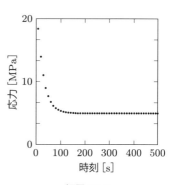

解図 10.2

参考文献

[1] 工学基礎講座 7 弾性力学，小林繁夫，近藤恭平，培風館，1987.

[2] 弾性力学入門 基礎理論から数値解法まで，竹園茂男，垰克己，感本広文，稲村栄次郎，森北出版，2007.

[3] 応用弾性学，中原一郎，実教出版，1977.

[4] 基礎から学ぶ弾性力学，荒井正行，森北出版，2019.

[5] よくわかる連続体力学ノート，非線形CAE協会 編，京谷孝史 著，森北出版，2008.

[6] 非線形有限要素法のためのテンソル解析の基礎，久田俊明，丸善出版，1992.

[7] 力学 II（新装版）解析力学，原島鮮，裳華房，2020.

[8] 固体の力学 基礎と応用，日本機械学会 編，オーム社，1987.

[9] 固体力学の基礎，国尾武，培風館，1977.

[10] 固体力学の基礎，日本材料学会 編，日刊工業新聞社，1981.

[11] Mechanical Properties of Solid Polymers, I. M. Ward, J. Sweeney, Third Edition, Wiley, 2012.

索 引

■**数 字**■

2階テンソル成分の座標変換　11
2階テンソルとスカラーの積　6
2階テンソルとベクトルの内積　6
2階テンソルの合成　7
2階テンソルの差　5
2階テンソルの第1不変量　12
2階テンソルの第2不変量　12
2階テンソルの第3不変量　12
2階テンソルの和　5
2次形式　6

■**あ 行**■

アレニウスの式　147
板のたわみ方程式　110
板の曲げ剛性　109
板理論　103
一般化フォークトモデル　148
一般化フックの法則　44
一般化マクスウェルモデル　151
移動硬化則　137
ウィリアムス-ランデル-フェリーの近似式　146
薄板の平衡方程式　106
エアリの応力関数　89
円柱座標系におけるひずみ　41
円柱座標系における平衡方程式　29
応力緩和　141
応力集中係数　101
応力テンソル　18
応力の第1不変量　19
応力の第2不変量　20
応力の第3不変量　20
応力ベクトル　15
応力法　62

■**か 行**■

ガウスの発散定理　70
加工硬化　120
加工硬化係数　120
荷重境界条件　60
カスティリアノの第1定理　82
カスティリアノの第2定理　84
仮想荷重　74
仮想仕事の原理　69
仮想ひずみ　69
仮想変位　65
ガラーキン法　81
換算時間　145
緩和弾性係数　143
逆テンソル　8
キルヒホッフの仮定　107
均質等方性材料　53
均質等方性材料の弾性構成式　55
クリープ　141
クロネッカーのデルタ　4
合応力　104
工学ひずみ　38
硬化則　134
剛完全塑性体　121
構成式　44
後続の降伏関数　130
降伏関数　122
降伏曲面　123
コーシーの公式　18
コンプリメンタリエネルギー最小の定理　77

■**さ 行**■

最大せん断応力　24
最大せん断ひずみ　41

最大塑性仕事の原理　133
時間温度換算則　145
実用弾性定数　55
シフトファクター　145
重調和関数　89
主応力　21
主ひずみ　41
除　荷　132
垂直応力　15
垂直則　134
垂直ひずみ　37
スイフトの式　122
静水圧応力　19, 127
線形硬化弾塑性体　121
線形粘弾性理論　141
せん断応力　15
せん断弾性率　55
せん断ひずみ　37
全ひずみ理論　121
相当応力　129
相当塑性ひずみ　129
総和規約　8
塑性仕事　132
塑性ひずみ　119
塑性変形　119
塑性ポテンシャル　134
損失係数　155
損失弾性率　154

■た　行■
対称テンソル　8
体積ひずみ　40, 55, 127
ダミーインデックス　8
単位テンソル　7
弾完全塑性体　121
弾性コンプライアンス行列　47
弾性スティフネス行列　47
弾性テンソル　44
弾塑性体　119
中立負荷　132
調和関数　90
貯蔵弾性率　154
直交異方性材料　51

直交テンソル　8
テンソル　4
転置テンソル　7
等方硬化則　135
ドラッカーの仮説　133
トレスカの降伏条件　126

■な　行■
流れ理論　136
ナビエの式　61
ナラヤナスワミの式　147
熱粘弾性体　144

■は　行■
背応力　138
バウシンガー効果　120, 135
八面体垂直応力　128
八面体せん断応力　128
ひずみエネルギー　71
ひずみエネルギー関数　71
ひずみ硬化　120
ひずみ硬化パラメータ　132
ひずみ増分理論　121, 136
ひずみテンソル　36
ひずみの第1不変量　40
ひずみの第2不変量　40
ひずみの第3不変量　40
ひずみの適合条件　39
非線形硬化塑性体　122
フォークト表記　47
フォークトモデル　148
負　荷　132
負荷関数　130
負荷履歴パラメータ　130
複合硬化則　138
複素弾性率　154
プラガーの適応の条件　134
プラントル－ロイスの式　137
平衡方程式　25
平面応力状態　85
平面ひずみ状態　87
ベクトル　3
ベクトル成分の座標変換　10

変　位　　31
変位境界条件　　60
変位法　　62
変形勾配　　33
偏差応力　　30, 123, 127
偏差ひずみ　　127
ポアソン比　　55
方向余弦　　10
法線則　　134
補仮想仕事の原理　　76
保存力　　71
ポテンシャルエネルギー　　71, 73
ポテンシャルエネルギー最小の定理　　73
補ひずみエネルギー　　77
補ひずみエネルギー関数　　76

■ま　行■
マクスウェルモデル　　150

マスターカーブ　　145
ミーゼスの降伏条件　　127
ミーゼスの相当応力　　129
モーメント　　104

■や　行■
ヤング率　　55
有限要素法　　81
横等方性材料　　51
横等方性材料の実用弾性定数　　57
横等方性材料の弾性構成式　　57

■ら　行■
ラプラシアン　　62, 89, 95, 113
ラメの定数　　54
流動応力　　135
レイリーーリッツ法　　78
レヴィーミーゼスの式　　137

著者略歴

吉村彰記（よしむら・あきのり）
2002 年　東京大学工学部航空宇宙工学科 卒業
2004 年　東京大学大学院新領域創成科学研究科修士課程 修了
2007 年　東京大学大学院新領域創成科学研究科博士課程 修了
2007 年　宇宙航空研究開発機構 研究開発員
2018 年　名古屋大学大学院工学研究科航空宇宙工学専攻 准教授
2023 年　名古屋大学ナショナルコンポジットセンター 教授
　　　　　現在に至る
　　　　　博士（科学）

荒井政大（あらい・まさひろ）
1990 年　東京工業大学工学部機械工学科 卒業
1992 年　東京工業大学大学院工学研究科機械工学専攻修士課程 修了
1992 年　（株）三菱総合研究所
1993 年　東京工業大学工学部機械科学科 助手
2000 年　信州大学工学部機械システム工学科 助教授
2008 年　信州大学工学部機械システム工学科 教授
2014 年　名古屋大学大学院工学研究科航空宇宙工学専攻 教授
2018 年　名古屋大学ナショナルコンポジットセンター長（兼務）
　　　　　現在に至る
　　　　　博士（工学）

固体力学入門

2024 年 3 月 19 日　第 1 版第 1 刷発行

著者　　　吉村彰記・荒井政大

編集担当　上村紗帆（森北出版）
編集責任　富井　晃（森北出版）
組版　　　プレイン
印刷　　　エーヴィスシステムズ
製本　　　ブックアート

発行者　　森北博巳
発行所　　森北出版株式会社
　　　　　〒102-0071　東京都千代田区富士見 1-4-11
　　　　　03-3265-8342（営業・宣伝マネジメント部）
　　　　　https://www.morikita.co.jp/